改变世界的科学

THE SCIENCE
THAT CHANGED THE WORLD

U0222392

数学

物理学

化学

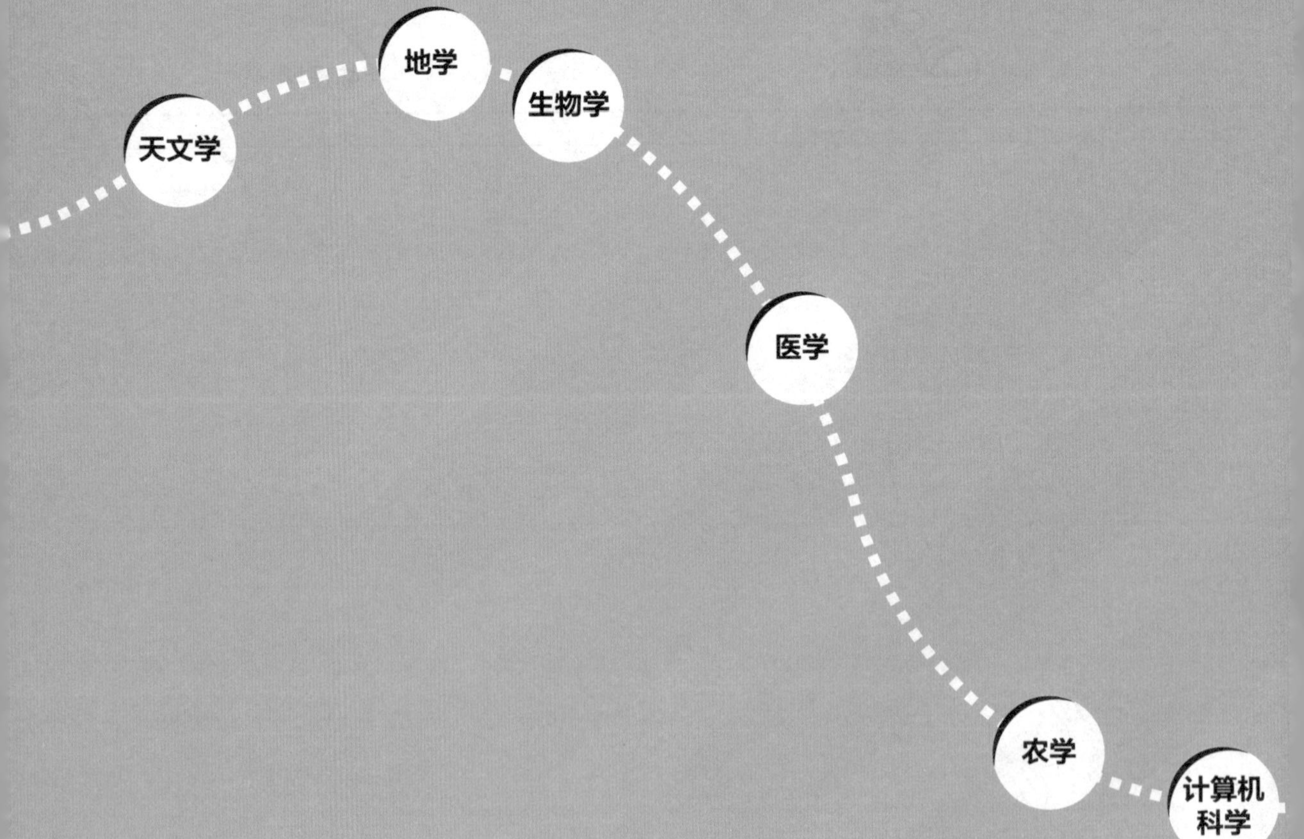

天文学

地学

生物学

医学

农学

计算机
科学

上海出版资金项目
Shanghai Publishing Funds

王 元 主编

改变世界的科学

农学的足迹

沈志忠 卢 勇 陈 越 袁祯泽 · 著

上海科技教育出版社

图书在版编目(CIP)数据

农学的足迹/沈志忠等著.—上海:上海科技教育出版社,2015.11(2022.6重印)

(改变世界的科学/王元主编)

ISBN 978-7-5428-6201-3

Ⅰ.①农… Ⅱ.①沈… Ⅲ.①农学—青少年读物

Ⅳ.①S3-49

中国版本图书馆CIP数据核字(2015)第107415号

责任编辑　殷晓岚
装帧设计　杨　静　汪　彦
绘　图　黑牛工作室

改变世界的科学
农学的足迹
丛书主编　王　元
本册作者　沈志忠　卢　勇　陈　越　袁祯泽

出版发行　**上海科技教育出版社有限公司**
　　　　　(上海市闵行区号景路159弄A座8楼　邮政编码201101)
网　　址　www.sste.com　www.ewen.co
经　　销　各地新华书店
印　　刷　天津旭丰源印刷有限公司
开　　本　787×1092　1/16
印　　张　13
版　　次　2015年11月第1版
印　　次　2022年6月第3次印刷
书　　号　ISBN 978-7-5428-6201-3/N·942
定　　价　69.80元

"改变世界的科学"丛书编撰委员会

主　编
王　元　中国科学院数学与系统科学研究院

副主编（以汉语拼音为序）
凌　玲　上海科技教育出版社
王世平　上海科技教育出版社

委　员（以汉语拼音为序）
卞毓麟　上海科技教育出版社
陈运泰　中国地震局地球物理研究所
邓小丽　上海师范大学化学系
胡亚东　中国科学院化学研究所
李　难　华东师范大学生命科学学院
李文林　中国科学院数学与系统科学研究院
陆继宗　上海师范大学物理系
汪品先　同济大学海洋地质与地球物理系
王恒山　上海理工大学管理学院
王思明　南京农业大学中华农业文明研究院
徐士进　南京大学地球科学与工程学院
徐泽林　东华大学人文学院
杨雄里　复旦大学神经生物学研究所
姚子鹏　复旦大学化学系
张大庆　北京大学医学史研究中心
郑志鹏　中国科学院高能物理研究所
钟　扬　复旦大学生命科学学院
周龙骧　中国科学院数学与系统科学研究院
邹振隆　中国科学院国家天文台

从20 000年前的古老陶片到20世纪末的神奇碳纳米管，

从5000年前美索不达米亚的早期天文观测到21世纪的星际探索，

从3000年前记录的动植物学知识到2000年人类基因组草图完成，

......

一项项意义深远的科学发现，

就像人类留下的一个个深深的足迹。

当我们串起这些足迹时，

科学发现过程的精彩奇妙，

科学探索征途的蜿蜒壮丽，

将一览无余地呈现在我们面前！

1863年

13世纪后期

约公元前18 000年

约公元前3世纪

2000年

亲爱的朋友们
请准备好你们的好奇心
科学时空之旅
现在就出发！

1026年

约公元前90年

目 录

- 约公元前 12 000—前 10 000 年
  仙人洞和吊桶环出现类似栽培稻 / 1
- 约公元前 9000—前 8000 年
  西亚新月形地带出现原始农业 / 4
- 约公元前 8000 年
  玉蟾岩出现栽培稻 / 6
- 约公元前 7000 年
  贾湖出现家猪 / 8
- 约公元前 7000 年
  两河流域出现山羊、绵羊等家畜 / 10
- 约公元前 6000 年
  八十垱出现早期稻作农业 / 12
- 约公元前 6000 年
  黄土高原地区出现锄耕农业 / 14
- 约公元前 5000 年
  河姆渡出现较发达的史前稻作
  农业 / 15
- 约公元前 5000 年
  古印第安人开始最早的玉米
  栽培 / 18
- 约公元前 4500—前 4300 年
  城头山和草鞋山出现水稻田 / 20
- 约公元前 4300 年
  苏美尔人从游牧转入定居 / 22
- 约公元前 3900—前 3200 年
  崧泽出现直筒形水井和三角形
  石犁 / 24
- 约公元前 3400 年
  埃及用尼罗河洪水放淤灌溉 / 26
- 约公元前 3300—前 2600 年
  钱山漾出现丝织品和麻织物 / 29

- 约公元前 2686—前 1085 年
  埃及发展灌溉农业 / 31
- 约公元前 2350 年
  印度河流域开始棉花栽培 / 33
- 约公元前 21 世纪
  大禹治水 / 35
- 约公元前 18 世纪
  汉穆拉比兴修水利，开凿运河 / 38
- 约公元前 16—前 11 世纪
  物候历《夏小正》出现 / 41
- 约公元前 13 世纪
  殷商阴阳历开始使用 / 43
- 公元前 11—前 9 世纪
  古希腊荷马时代农业发展 / 44
- 约公元前 1046—前 771 年
  星象、物候、历法相结合确定农时 / 45
- 约公元前 8—前 6 世纪
  古希腊城邦时期农业呈现新发展 / 47
- 约公元前 770—前 476 年
  中国春秋时期农业进一步发展 / 48

- 约公元前476—前221年
  黄河流域开始形成传统的精耕细作技术 / 51
- 约公元前3世纪
  中国大豆传入朝鲜 / 54
- 约公元前256—前251年
  李冰主持修建都江堰 / 56
- 约公元前160年
  加图著《农业志》 / 59
- 公元前139—前115年
  张骞出使西域 / 60
- 约公元前90年
  赵过创制耧车 / 63
- 公元前36年
  瓦罗著《论农业》 / 65
- 公元前32—前7年
  氾胜之著《氾胜之书》 / 66
- 约公元60年
  科卢梅拉《论农业》成书 / 68
- 公元227—239年
  马钧改进翻车和旧式绫机 / 69
- 公元304年
  《南方草木状》成书 / 71
- 公元533—544年
  贾思勰著《齐民要术》 / 73
- 公元552年
  中国蚕种传入罗马 / 76

- 公元753年
  中国豆腐制作法传入日本 / 78
- 公元760年
  陆羽著《茶经》 / 80
- 公元805年
  中国茶籽传入日本 / 83
- 公元879—880年
  陆龟蒙著《耒耜经》 / 85
- 1012年
  中国推广越南占城稻 / 87
- 1127—1162年
  中国南方形成水田耕作体系 / 88
- 1132—1134年
  楼璹制成《耕织图》 / 92
- 1149年
  陈旉著《农书》 / 94
- 约13世纪
  《亨利农书》撰成 / 97
- 约1295年
  黄道婆推广棉纺织技术 / 98
- 1313年
  王祯《农书》成书 / 101
- 1492年
  甘薯由美洲传入西班牙 / 104
- 1494年
  玉米由美洲传入西班牙 / 105
- 16世纪初
  花生由南美洲传入非洲 / 106
- 1502年
  中国金鱼传入日本 / 107
- 1510年
  向日葵由北美洲传入欧洲 / 109
- 1519年
  墨西哥开始栽培烟草 / 110
- 1523年
  菲茨赫伯特著《农业全书》 / 113

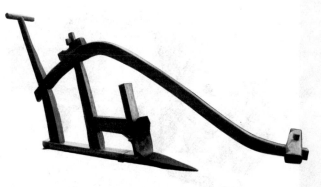

- 16世纪中叶

  番茄由美洲传入欧洲 / 114
- 16世纪中叶

  西班牙美利奴羊传入美洲 / 115
- 1565年

  芜菁引入英国 / 116
- 1570年

  马铃薯由南美洲传入西班牙 / 118
- 1624—1644年

  太湖地区和珠江三角洲地区出现生态农业雏形 / 121
- 1639年

  徐光启《农政全书》问世 / 123
- 1658年

  张履祥《补农书》成书 / 126
- 1697年

  宫崎安贞编成《农业全书》/ 128
- 1701年

  塔尔发明马拉谷物条播机 / 129
- 1742年

  《授时通考》问世 / 131
- 1760年

  贝克韦尔开创家畜育种工作 / 133
- 1784年

  扬创办《农业年刊》/ 134
- 1786年

  米克尔发明脱粒机 / 135
- 1797年

  纽博尔德发明单面铸铁犁 / 136
- 18世纪末

  诺福克轮作制在英格兰各地推行 / 138
- 约18世纪末

  欧洲农业革命开始 / 140
- 1809—1812年

  泰尔《合理农业原理》刊行 / 141
- 1831年

  麦考密克发明收割机 / 142
- 1834年

  布森戈创办首个农事试验场 / 145
- 1840年

  李比希《化学在农业及生理学上的应用》出版 / 146
- 1841年

  法正林理论发展为完整学说 / 149
- 1842年

  劳斯生产过磷酸钙，开创化学肥料工业时代 / 150
- 1843年

  劳斯创立罗桑试验站 / 152
- 1853年

  白蜡虫由中国引入英国 / 154
- 1860年

  德国进行滴灌试验 / 156
- 1860年

  穆拉建成沼气发生器 / 158
- 1869年

  诺贝建立世界上第一个种子检验室 / 160
- 1870—1926年

  伯班克培育多个植物新品种 / 162
- 1882年

  米亚尔代发现波尔多液的杀菌性质 / 164

- 1883年
  道库恰耶夫著《俄国的黑钙土》/ 166
- 1892年
  弗勒利希发明可供实用的汽油
  拖拉机 / 167
- 1926年
  瓦维洛夫提出作物起源中心
  学说 / 169
- 1929年
  无土栽培技术应用于蔬菜生产 / 171
- 1933年
  丁颖育成野生稻与栽培稻的杂交
  水稻 / 173
- 1938年
  黄昌贤育成无籽西瓜 / 175

- 1939年
  米勒发现DDT的杀虫功效 / 177
- 1942年
  发现六六六的杀虫功效 / 180
- 1942年
  有机化学除草剂2，4-D诞生 / 181
- 1950年代
  三倍体甜菜育成 / 182
- 1960年代
  绿色革命兴起 / 183
- 1962年
  卡森《寂静的春天》出版 / 185
- 1971年
  生态农业提出 / 188
- 1973年
  袁隆平取得杂交水稻育种重大
  突破 / 190
- 1973年
  光稳定拟除虫菊酯研制成功 / 193
- 1974年
  农作物遥感估产研究开始进行 / 194
- 1996年
  转基因作物开始商业化种植 / 196
- 图片来源 / 198

约公元前12 000—前10 000 年
仙人洞和吊桶环出现类似栽培稻

今天,全世界有一半以上的人口以大米为主食。但日常生活中再普通不过的盘中餐,到底起源于何时何处却至今还是一个没有解开的谜。

经过科学家的研究,我们现在已经知道,栽培稻是由普通野生稻经人工培育驯化以后,改变其遗传性状而来的。要把普通野生稻培育驯化成栽培稻,其中要经过一个漫长的过程。尤其是在人类历史的初期,生产力水平还十分原始的情况下,这个过程更为漫长。也许大家会问,人类是在何时何地,将野生稻驯化为栽培稻的呢?其实关于这个问题的答案,就连学者们也仍在争论之中。但中国是世界稻作起源地之一,则已是全世界学者的共识。1990年代,对中国江西省万年县仙人洞和吊桶环两个遗址进行的

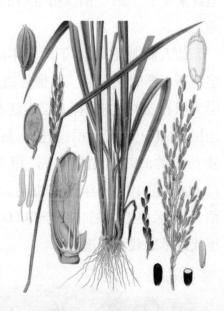

《科勒药用植物》中的水稻图 Ⓦ

考古发掘,为证明中国是世界稻作起源地提供了极为有力的科学证据。

1993年和1995年,中国和美国的联合考古队在长江中下游之交的江西省万年县发掘了仙人洞和吊桶环两处洞穴遗址。1999年,江西省文物考古研究所与北京大学考古系又作了一次发掘。两处遗址坐落于小而湿润的大源盆地内,相距约800米,其堆积较厚,地层清晰,包含物相当丰富。出土遗物包括各种石器、骨器、穿孔蚌器、夹砂的褐色陶器、人骨和大量的动物骨骼。特别是通过对两处遗址从下到上诸层稻属植硅石的分析,证实该地区是亚洲乃至世界栽培稻起源地之一。

仙人洞遗址有上、下两个不同时期的文化堆积,下层为旧石器时代末期,上层为新石器时代早期。吊桶环遗址分上、中、下三层,下层为旧石器时代晚期,中层为旧石器时代末期,上层为新石器时代早期。在两处遗址的旧石器时代末期地层,都出土了野生稻植硅石,新石器时代早期地层,都出土了丰富的野生稻植硅石和类似栽培稻植硅石,根据碳14测年法测定,其遗存年代约为公元前12 000—前10 000年。这说明,在距今14 000年前,人们已经开始人工种植水稻,同时采集野生稻。距今14 000年前的类似栽培稻植硅石,是世界上目前所知年代最早的栽培稻遗存。

仙人洞遗址外景©

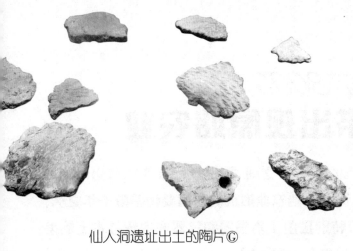

仙人洞遗址出土的陶片ⓒ

结合植硅石和花粉分析，从中可以看出仙人洞和吊桶环先民从采集野生稻到学会人工栽培水稻的漫长变化过程。由采集野生稻，到开始出现栽培稻时仍继续大量采集野生稻，两者比例随年代发生此长彼落的变化，直至栽培稻完全取代野生稻，经历时间达数千年之久。

值得强调的是，遗址中发掘的只是类似栽培稻而非谷物实物标本，说明稻谷的栽培并没有立即引发稻作农业的产生，在栽培稻出现后的很长一段时间内，仙人洞人和吊桶环人的经济形态仍以狩猎、采集为主。

仙人洞和吊桶环遗址在中国古代文明起源问题的研究上占有极其重要的地位，为探讨人类如何从旧石器时代过渡到新石器时代这一世界性大课题，以及为探讨稻作农业的起源提供了重要的实物资料。

采集野生稻ⓦ

约公元前9000—前8000年
西亚新月形地带出现原始农业

原始农业起源于南纬10度至北纬40度之间,地理气候条件大致相似的几个地方。由于它们是彼此独立的,因此原始农业形成的时间要相差数千年之久,并且由于驯化的动植物种类不同,特别是由于青铜器和铁器的冶炼技术上的差异,各个原始农业起源地的发展过程也有明显不同。

西亚(西方人习惯称之为近东或中东)包括小亚细亚及伊朗高原以南的地区。新月形地带,也称"肥沃新月"、"新月沃地",指两河流域及其毗邻的地中海东岸(叙利亚、巴勒斯坦一带)的一片弧形地区。因土地肥沃,形似新月,故名,这一地区是世界上最早的农业发源地之一。

新月形地带东部,并行奔流着幼发拉底河和底格里斯河两条河,其流经的地区叫两河流域,在历史上这里是两河文明的发源地。新月形地带西部,就是地中海和重要的战略水道苏伊士运河。从西到东,错落分布着以色列、巴勒斯坦、黎巴嫩、叙利亚、伊拉克等国家。这是亚洲西部的一块沃野,具有典型的地中海气候,冬季多雨潮湿,夏季炎热干燥,它的周围有丰富的自然资源,地势平坦,适于

原始人狩猎想象图Y

耕作。在这个区域里，普遍发现了距今1万年左右的由采集狩猎向农耕转化的遗址，这些遗址同野生小麦和大麦的分布地点相吻合。

约公元前9000—前8000年，新月形地带出现了原始农业，这是人类最早的麦作农业。距今12 000年至11 000年的哈由涅姆、阿布·哈雷、穆勒贝特等遗址出土过野生一粒小麦、二条大麦以及蚕豆、无花果、葡萄等，但没有发现小麦和大麦的栽培种。到了11 000年前，耶利哥、阿斯瓦得、阿布·哈雷拉、埃里·科舒等遗址上大量发现栽培种一粒小麦、普通大麦和二条大麦，证明农业已经开始。同时遗址上还发现了大量豌豆、蚕豆等豆类，证明这是一种豆、麦类作物组合的农业形式。

由于土地肥沃，气候适宜，自古以来这里就居住并从周围地区吸引来无数部落和众多民族，他们共同在这块土地上繁衍生息，在语言、科学知识、技术成就以及宗教和文化上相互影响，不同程度地融合，培育了人类古代文明的又一朵奇葩。这块土地上也发生了一连串的战争，先后兴起了众多大大小小的国家。这里的历史事件同东北非洲的埃及，以及地中海东部沿岸的希腊的发展，经常联系在一起。

在约500万年的人类历史上，农业起源是仅次于人类诞生的重大事件，在人类历史上具有革命性的意义。农业使人类的生存方式从依赖自然赏赐进入到生产经济阶段，使人们定居下来并形成众多互相交流的聚落，为人类由蒙昧走向文明，从原始社会走向国家奠定了基础。人类在499万年之久的时间里一直从事狩猎采集活动，却在1万年前突然开始有了农业，这是为什么呢？目前，我们还没有找到这个问题的答案。

耶利哥遗址ⓦ

约公元前8000年
玉蟾岩出现栽培稻

　　玉蟾岩遗址位于中国湖南省道县寿雁镇,是一处洞穴遗址。该遗址是天然石灰岩岩洞,周围地势平坦开阔,水源充足,宜于水稻生长。

　　玉蟾岩遗址最为重要的发现是古栽培稻的出土。1993年和1995年,考古工作者对玉蟾岩遗址进行了两次发掘,测定年代约为公元前12 000—前10 000年,发现有烧火堆,以石核、石片、砍砸器、刮削器为主的打制石器,骨锥、镞、铲、钩和角铲之类的骨角器,在文化层低层出土了少量火候低、厚胎的夹砂粗陶器(复原一件绳纹敞口尖底的釜形器),大量半石化的陆水生动物遗骸和植物果核等。最重要的是还在近底层发现公元前8000年左右的稻谷壳4枚,这是目前所知世界上最早的稻谷遗存。1993年在漂洗遗址近底部的文化层土样中发现了2枚稻谷壳,颜色呈黑色。1995年在层位稍上的文化胶结堆积的层面中又发现了2枚稻谷壳,颜色呈灰黄色。两次出土稻谷壳的颜色存在差别,是因为标本所处的埋藏环境不同。2004年11月1日,"中国水稻起源考古研究"中美联合考古队再次对

远古人类的生活场景想象图 W

玉蟾岩进行考古发掘，11月19日又发现了5枚已经炭化的古稻谷。

根据专家鉴定，玉蟾岩出土稻谷兼有野、籼、粳稻综合特征，是一种从普通野生稻向栽培稻初期演化的最原始的古栽培稻类型，科学家将其定名为"玉蟾岩古栽培稻"。同时，土样分析表明玉蟾岩遗址也存在稻属硅酸体，说明已开始少量栽培最原始的水稻。

玉蟾岩古栽培稻最显著的特征是"大粒性"，作为一种食物源，先民采集和种植水稻的目的是获取稻谷，谷粒的变异应是远古人类最初注意的性状，当时他们并不在意植株形态和单位面积产量，但却在意谷粒的变大。这种变异受到了他们的注意，并有意无意地被选择，这是最原始栽培稻向一种长而宽的大粒型稻谷演化的动力。

玉蟾岩古栽培稻是目前世界上发现的年代最早的人工栽培稻实物标本，它在栽培稻的起源和演化研究中具有重要的地位和作用，是探索稻作农业起源以及水稻演化历史的难得的实物资料。

生活在山洞中的原始人想象图 Ⓨ

约公元前7000年
贾湖出现家猪

猪肉是我们日常摄取蛋白质的重要来源，你可能已经知道，猪是人类最早驯养的动物之一，可是如果要问人类是从什么时候开始养猪的，则其答案还是一个谜。但可以肯定的是，中国是世界上最早将野猪驯化为家猪的国家之一。

中国考古遗址中出土的猪骨材料极其丰富，目前正式公布、经科学鉴定明确出土有猪骨的遗址已不下200处，基本遍布全国。其中，在河南省舞阳县贾湖遗

中国有悠久的养猪历史©

址出土的猪骨遗存距今约9000年，是中国目前发现最早的家猪遗存，也是迄今世界上最早的家猪遗存之一。依据对贾湖遗址出土家猪的形态研究，可以看出其已经被驯化一段时间了，因此，中国最早的家猪出现的时间还可以继续向前追溯。

汉代陶猪©

据研究，中国家猪的起源可分华南猪和华北猪两大类型，两者在体形、毛色、繁殖力等方面都迥然不同。这表明中国家猪的起源是多中心的，南北各地先后将当地野猪驯化为家猪。

野猪经过长期的人工圈养驯化、选择，在生活习性、体态、结构和生理机能等方面逐渐发生变化，终于与野猪有了明显区别，典型的是体型方面的改变。野猪因觅食掘巢，经常拱土，嘴长而有力，犬齿发达，头部强大，头长与体长的比例约为1:3。现代家猪则因长期喂养，头部明显缩短，犬齿退化，头长与体长之比约为1:6。

猪从古至今都是中国最重要的家畜，是中华民族的主要肉食之源，在中国古代还被广泛用于祭祀、随葬等各种仪式活动中。中国作为世界上最早、最重要的猪类驯化中心之一，对东亚及周邻地区产生了广泛的辐射影响，这些地区的家猪驯养都在不同程度上受到了中国相关技术传播的影响，而且同样以家猪作为主要肉食来源。因此，猪的驯化、饲养在中华文明的发展与传播过程中意义重大。

汉代灰陶猪圈B

约公元前7000年
两河流域出现山羊、绵羊等家畜

羊是最早与人类各民族生活密切相关的畜类之一,在新石器时代即被驯化,供人类食用、乳用和日用,而且因其曾是献给神灵的祭品,成为东西方民族共同的图腾。

在新石器时代早期,世界许多地方先后出现了原始的农业和畜牧业,其中最重要的地区是西亚(两河流域)、北非(古埃及尼罗河流域)、东亚(中国黄河流域与长江流域)、南亚次大陆(印度河及恒河流域),以及古希腊和美洲中部。然而世界上最主要的农业起源中心,后来又形成具有自身特色农业体系的只有四个地方,其中一个就是西亚,那里是小麦、大麦以及山羊、绵羊起源的地方。在这一农业体系发展和传播的基础上,先后产生了两河流域文明、尼罗河文明和印度河文明。

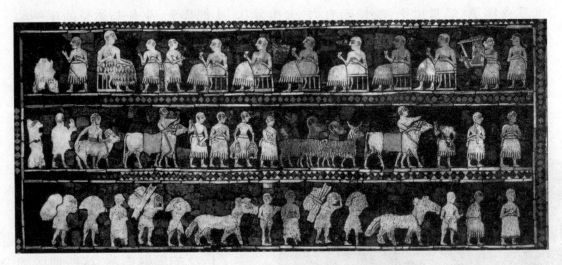

"乌尔之旗"木制画　这幅壮观而生动的画表明,对古代美索不达米亚人而言,饲养的绵羊、牛和山羊等家畜在人们的生产、生活中十分重要。这幅被称做"乌尔之旗"的木制画上面镶嵌了贝壳和彩色的石头,制作于4600年前,位于今天伊拉克南部地区。Ⓦ

羊是人们普遍熟悉的一种家畜,是最早被人类驯化为农业用途的动物之一。家羊有两种:山羊和绵羊。这两种羊除了外貌不同之外,身体的构造大致相同。家羊是由野羊驯化而来的。世界上羊的驯化以西亚最早,其中绵羊的驯化

绵羊头骨Ⓦ

农学的足迹

可能较山羊稍晚。山羊和绵羊骨骼经常同时出现在西亚新石器时代遗址中,伊拉克和伊朗之间的扎格罗斯山脉及其附近地区可能是山羊和绵羊的最早驯化地。根据伊拉克的萨威·克米遗址及附近的沙尼达遗址的考古发掘材料,早在公元前9000—前8500年,这一地区的居民已开始驯养山羊和绵羊,但这时驯养的绵羊在骨骼形态上与野生羊无多大区别。把野生动物驯化为家畜是一个漫长的过程。伊朗西部阿里·库什等遗址的动物骨骼表明,公元前7000年前后,西亚已饲养山羊和绵羊。到公元前3000年前后,羊已遍及西亚地区。

在西方文化中山羊象征不屈,绵羊象征软弱;犹太文化则视山羊

绵羊Ⓦ

为叛逆,绵羊为顺服。在中国传统文化中,羊历来被认为是一种吉祥的动物。在《说文解字》中就有"羊,祥也"的记载,而秦汉金石文献中也多以羊为"祥",比如"吉祥"就写作"吉羊"。羊在原始社会的经济生活中占有非常重要的地位,因而受到世界上许多地区的原始人群的崇拜。在中国石器时代的考古遗存中也有不少羊成为图腾的痕迹。

商代青铜器四羊方尊©

11

约公元前6000年
八十垱出现早期稻作农业

　　湖南省澧县的彭头山遗址、八十垱遗址为代表的彭头山文化，是中国长江中游地区目前已知年代最早的新石器时代文化。1988年，考古工作者首先对澧县彭头山遗址进行了发掘，发现了距今8000年前的文化遗存及稻作实物，"彭头山文化"由此确立。

　　1993—1997年，考古工作者对八十垱遗址进行了连续的钻探与考古发掘，不仅大大丰富了彭头山文化的内涵，而且还发现了距今8000年左右的聚落壕沟和围墙，以及近万粒的稻米（谷）、植物果实（种子）和动物遗骸等，这些遗存的发现，说明中国在8000年以前即已存在早期的稻作农业。

　　1988年，彭头山遗址首次发现了澧阳平原上最早的稻谷遗存，这些稻谷遗存全部见于陶器胎壁，几乎所有陶器器壁都可以观察到许多清晰的稻壳和谷粒的炭化痕迹。之所以在陶器中掺和大量的稻壳，目的可能在于增加器壁的结构力和改善透气性。至于其中还有部分谷粒，则可能是由于脱粒不尽而夹杂的。1989年，澧县李家岗遗址在发掘时又发现了超过8000年的陶片中夹杂着的稻壳、稻谷。

原始农耕生活想象图Ⓨ

1993—1997年，考古工作者对八十垱遗址先后进行了6次发掘。1993年的发掘，不仅在8000年以前的陶片中发现炭化了的稻壳、稻谷，而且在灰坑土样测试中发现了极为密集的水稻孢子花粉，据判断是成堆的稻草、稻壳经燃烧过或腐烂后的遗存。更令人惊喜不已的是，1996年至1997年，在八十垱遗址发现了数以万计的炭化稻谷和稻米。这些稻谷、稻米都出于遗址边缘含古生活垃圾的

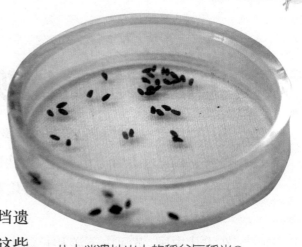

八十垱遗址出土的稻谷与稻米ⓒ

古河道淤泥中，形态完好无损，许多谷粒上还带着芒，有些出土时还新鲜如初。据专家鉴定，可知当时的栽培稻品种是一种兼有籼、粳、野特征的正在分化的倾籼小粒形原始古栽培稻。

彭头山文化出土的稻作遗存，不仅是中国，也是世界上目前已知最丰富的早期稻作农业资料，它对于研究稻作农业的产生和发展具有重要的价值。如果说仙人洞、吊桶环和玉蟾岩遗址的考古发现所反映的是人类开始将野生稻驯化为栽培稻，那么彭头山文化时期多处遗址都发现大量的稻谷遗存，特别是八十垱遗址发现了成堆已经处于籼、粳分化阶段的古栽培稻，则反映了水稻的进一步栽培化，并已经开始出现多方向分化的趋势。

现代的稻谷Ⓨ

约公元前6000年
黄土高原地区出现锄耕农业

古代中国有农耕经济和游牧经济两大类型，其中占据优势的是农耕经济，它是中华文化赖以生存和发展的主要经济基础。也就是说，中国自古以农立国，农业生产的发生和发展，是受到地理环境和气候条件制约的。

在古代中国，黄河中下游和长江中下游地区，气候温和，雨量适中。因而，中华民族的先民们最初就是从这儿开始，逐渐超越人类最初谋生的狩猎和采集经济阶段，进入以种植业为基本方式的农耕时代。

黄土高原地区土壤肥沃、土层深厚、土质疏松、蓄水性好。在这一地区，发现了大量约公元前6000年的已经进入锄耕时代的农业遗址，最典型的有河南省新郑市的裴李岗遗址、河北省武安市的磁山遗址和甘肃省秦安县的大地湾遗址等。

其时种植业已是当地居民最重要的生活资料来源，使用的农具，从砍伐林木、清理场地用的石斧，松土或翻土用的石铲，收割用的石镰，到加工谷物用的石磨盘、石磨棒，一应俱全，制作精良。主要作物是俗称谷子的粟和俗称大黄米的黍（如在大地湾遗址发现了迄今为止年代最早的栽培黍遗存），并使用地窖储藏。渔猎、采集业是当时仅次于种植业的生产部门，人们使用弓箭、鱼镖、网罟等工具进行渔猎，并采集朴树籽、胡桃等作为食物的重要补充。畜养业也有一定发展，饲养的畜禽有猪、羊、狗和鸡，可能还有黄牛。

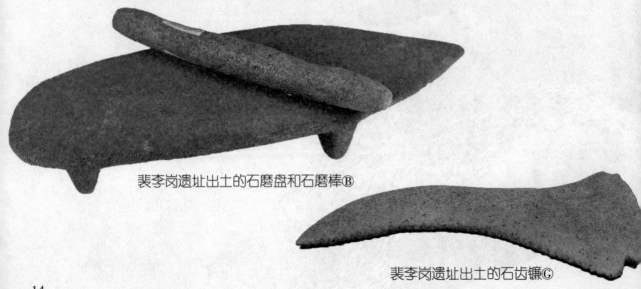

裴李岗遗址出土的石磨盘和石磨棒Ⓑ

裴李岗遗址出土的石齿镰Ⓒ

14

约公元前5000年
河姆渡出现较发达的史前稻作农业

1973年，一个巨大的史前部落遗迹在中国南方的余姚河姆渡重见天日。数不清的穿越千年的物证告诉世人，7000多年以前，这里已经有人在大量种植稻谷、驯养家畜、营造房屋、雕琢器物，过着丰富多彩的史前农耕生活。

河姆渡遗址位于浙江省余姚市河姆渡镇，是一处年代古老、保存较好、文化内涵丰富、延续时间长的新石器时代中期遗址，在史前时期这里生活着一支原始部落。河姆渡遗址的发现纯属偶然，是当地群众修建排涝工程时无意中发现的。经过1973年冬天和1977年冬天先后两次考古发掘，河姆渡遗址以其独特的文化面貌破土而出，呈现在世人面前，受到了国内外学者的高度关注。由于该遗址是周边同一类型、同一年代的遗址中最早发现的，因而这一类型的遗址所代表的史前文化被统称为"河姆渡文化"。

河姆渡遗址总面积约4万平方米，文化堆积厚度4米左右，叠压着4个文化

河姆渡遗址 Ⓨ

层,年代约为公元前5000—前3000年。其中,第一文化层距今约5000年,第二文化层距今约5600年,第三文化层距今约6000年,第四文化层距今约7000年。两次考古发掘合计揭露面积2800平方米,出土了6700余件文物,发现了大量的人工栽培水稻、大片的木构建筑遗迹和丰富的动植物遗存,为研究农业、畜牧、建筑、纺织、艺术和中国文明的起源提供了极其珍贵的实物资料。其中,在第四文化层较大面积范围内发现大量稻谷遗存,有的地方稻谷、谷壳、茎叶等混杂的堆积最厚处超过1米,其中约有四分之一为稻谷和谷壳,换算成稻谷当在120吨以上。稻谷遗存数量之多,保存之完好,都是中国新石器时代考古史上所罕见的。经鉴定,河姆渡遗址出土的稻谷主要属于籼

河姆渡遗址出土的骨耜及使用示意图©

稻种晚稻型水稻,但也有粳稻和中间类型。河姆渡遗址还出土了大量稻作农业的生产工具,如骨耜和木铲等,说明早至距今约7000年的河姆渡文化已有较发达的史前稻作农业。

河姆渡木构件榫卯图©

河姆渡遗址出土文物还表明,河姆渡先民已使用磨制石器,能够生产黑陶,纺纱织布,挖凿水井,饲养猪、狗、水牛等家畜。河姆渡的农具以大量使用骨器为特点,仅第四层就拥有170余件骨耜和骨镰刀,数量超过同时期的石器及其他质地的工具,成为中国新石器时代独一无二的景观。河姆渡遗址的骨耜大部分采用水牛和鹿的肩胛骨制成,基本保持了肩胛骨的自然形态,是当时主要的农业生产工具。与石质工具相比较,骨耜更接近于一种专业化的农具,并与遗址所处沼泽边缘土壤松软湿

干栏式建筑至今仍流行于中国西南少数民族地区Ⓨ

润的耕作环境相适应。

正是在发达的稻作农业生产的基础上,河姆渡先民因地制宜创建了用榫卯结构连接起来的木构干栏式建筑,其木构件和榫卯接合方法成为后来中国传统木构建筑之祖。干栏式建筑是一种适应南方多雨、潮湿环境的典型建筑,它以桩木、地梁和地板,架构成高于地面的建筑基座,再在其上部立柱架梁,用席类材料围墙盖顶建成房屋,具有较好的通风、防潮功能,还可以防御猛兽虫蛇的侵害,至今仍流行于中国西南少数民族地区和东南亚各国。在河姆渡遗址发现的干栏式建筑遗迹,是中国发现的最早的木结构实例,标志着此时的木结构建筑技术已有相当丰富的经验,填补了中国乃至世界木构建筑史上的一个空白,为后世木构建筑的发展奠定了坚实的基础,在世界建筑史上作出了杰出贡献。

河姆渡文化的发现与确立,是中国新石器时代考古的重大突破,证明了长江流域和黄河流域同为中华民族远古文化的发祥地,改写了中国文明发展的历史,河姆渡遗址因而被称为20世纪中国最重要的考古发现之一。河姆渡稻谷的大量发现,确认了河姆渡稻作农业在河姆渡先民生活中占有重要地位,表明长江下游是稻作农业起源中心地之一,是粳、籼稻初始起源地之一。以大米为主要食物基础上形成的稻作农业,是河姆渡先民对整个中华民族乃至全人类的伟大贡献。

约公元前5000年
古印第安人开始最早的玉米栽培

玉米起源于美洲墨西哥、秘鲁和智利沿安第斯山麓的狭长地带，人类驯化栽培玉米至少已有7000年的历史。

玉米又名玉蜀黍，俗称玉麦、包谷、苞米、棒子等，是包括水稻、小麦在内的世界三大粮食作物之一。关于玉米的起源，众说纷纭，但比较一致的看法是起源于美洲，而后在全世界传播开来。印第安人是美洲原住民，他们在长期的农业生产活动中，培育出了许多农作物品种，对世界农业的发展影响巨大。据考古资料证实，早在7000年前，印第安人就已经将野生玉米培育成人工栽培作物了。世界各国的植物学家一致公认，这是印第安人最了不起的农业试验。

古代印第安人是如何对玉米进行驯化、改良、栽培以及利用的，没有留下任何文字记载。

《科勒药用植物》中的玉米图Ⓦ

现在人们获得的关于古代印第安人种植玉米的资料，大部分是间接得来的。在中美洲和南美洲星罗棋布的古代遗址里，古代印第安人种植的大量玉米的果穗、

印第安人玉米神陶香炉©

穗轴、苞叶、雄穗和秸秆等，几乎都完整无损地被保留下来。考古人员在墨西哥的特瓦坎谷地先后发现了400多处古代印第安人的遗址，发掘出了25 000多件玉米植株和果穗，以及众多的与玉米有关的石器、陶器、编织器等，从中可以看出玉米穗轴在不同地层中由于驯化而演变的次序。

至于"玉米的祖先是谁"，则至今仍是一个存在争议的科学难题。比较而言，玉米由一种原始野生的大刍草起源进化而来已为大多数科学家认同。根据语言学以及民间传说，大刍草一词来源于印第安阿兹特克语，意思就是"神赐之穗"。在南美洲很多地方，印第安人至今还把大刍草称为"玉米之母"。从墨西哥古代地层中发现的大刍草种子化石推断，至少在距今7000年前，大刍草就已经开始向现代玉米演化了。

在墨西哥、秘鲁、智利等地古墓中出土的文物，以及古代众多的建筑物上，都发现有古代印第安人遗留下来的玉米印迹。在印第安人的心目中，玉米是一种庄严的形象，人们崇敬地把玉米植株和果穗的图像绘制在庙宇上，塑造在神像上，编织在衣物上，镶嵌在陶器上。墨西哥传说中的特拉洛克神，就是印第安人崇敬的玉米神，广义上说，就是肥沃之神，雨水之神，丰收之神。当地每年都要举行隆重仪式，祭祀玉米神。在墨西哥南部的尤卡坦半岛上，曾经产生过光辉灿烂、昌盛一时的玛雅文化。出土的文物表明，玉米同印第安人的生活和文化发展有密切关系，所以人们又把玛雅文化称为"玉米文化"。

约公元前4500—前4300年
城头山和草鞋山出现水稻田

如果你参观过2010年上海世博会中国国家馆，可能还记得中国馆第一景所展示的就是"城头山——中国最早的城市"。厚厚的玻璃地板下，古城模型用最从容的姿态展示着远古人类文明的绚丽。

城头山古城有"城池之母、稻作之源"之称，位于湖南省澧县车溪乡境内，具有6000多年历史，是中国目前发现的年代最早、保存最完整、内涵最丰富的古城址，由于它的发现，将中华文明史向前推进了1000多年，因而被中国考古学界称为20世纪末最重要的发现之一。其中发现的距今约6500年的水稻田遗址，是世界上目前所见历史最早、保存最好的水稻田遗迹。考古工作者在位于城头山古城东城门北侧10余米处的城垣之下，清理出了西北—东南走向的3丘古稻田。这3丘古稻田平行排列着，长度在30米以上，最大的一丘宽4米多。田埂之间是平整的厚30厘米的纯净的灰色田土，为静水沉积。田丘平面平整，显出稻田所特有的龟裂纹，剖面可清晰见到水稻根须。田土中含有不少稻叶、稻茎、稻谷，田土中的稻谷硅质体含量很高，接近于现代稻田。稻田旁边有蓄水坑、流水沟等灌溉设施。

此外，在江苏省吴县草鞋山遗址也发现了距今6000多年的古稻田。在遗址共发现水稻田44块，用于排水、蓄水和灌溉的水沟6条，蓄水井10座，人工水塘2个。水稻田使用年代约在公元前4300—前4000年，位于居住地外围的低洼地带，由许多浅坑样的小田块连接形成，田块面积一般3—5平方米，最大的10余

现代水稻田田埂⒴

正在稻田插秧的农民⟨Y⟩

平方米,并有通水口、蓄水井、沟、塘等设施共同组成农田灌溉系统。同时还发现了水稻植硅石和炭化稻米。

从城头山和草鞋山遗址两处古稻田的发掘可知,当时的居民选择在近水源的低洼地段开辟稻田,大小田块有田埂相围,再在小范围内人工挖建水井、水坑、水塘、水沟、水口等蓄水引水灌溉设施,反映出既不完全依赖天然降水,也不直接引进大河水源,而是依托河流湖沼地区实际条件形成颇有特点的一套小型的水稻田灌溉系统,表明公元前4000多年中国已存在初具规模的水田灌溉农业,这在世界史前农业史上具有领先地位。

研究人类稻作农业起源,古稻田是最具说服力的论据之一,城头山和草鞋山遗址两处古稻田的发现,表明中华民族通过在人工栽培稻谷技术上的积极探索,对人类社会的发展作出了历史性贡献。

现代水稻田⟨Y⟩

约公元前4300年
苏美尔人从游牧转入定居

苏美尔人在两河流域创造了发达的人类早期文明,但苏美尔人来自何处,苏美尔文明发源于何处,目前仍是一个未解之谜。

苏美尔人是历史上两河流域早期的定居民族,他们所建立的苏美尔文明是整个美索不达米亚文明中最早的文明,同时也是全世界最早产生的文明之一。苏美尔人很早就掌握了丰富的知识和高超的技术,他们在两河之间修建了复杂的水利系统,驯服了时常泛滥的河水,开垦出富饶的田地,已能制造陶器(储存食物和盛水),治炼金、银,开始使用有轮运载工具,并创造了最早的文字——楔形文字,在苏美尔文明鼎盛期(约公元前3500—前3000年),建立了以农业和畜牧

苏美尔楔形文字泥版Ⓦ

乌尔城的塔庙Ⓦ

衣袍上刻有苏美尔文字的拉伽什王Ⓦ

业为基础的城市经济和第一部法典,苏美尔人种植小麦、大麦、黍和椰枣等作物,制作面包,酿制啤酒,饲养牛、羊等家畜,开始使用金属硬币作货币。

苏美尔人大概是从东方进入两河流域南部的。他们于约公元前4300年从游牧转入定居,公元前3500年起建立了一系列以耕种为主的城邦,其中有乌尔、乌鲁克、尼普尔、拉伽什、基什、波尔西巴等。由于大规模灌溉工程的组织及与邻国进行贸易和战争的需要,小的城邦慢慢联合起来,甚至在最后一个时期内形成了以其中一个城市为首的苏美尔王国。

苏美尔人是两河流域文明最早的创造者,在许多方面都可与古埃及人相媲美,但公元前2000年左右,苏美尔人建立的城邦,最终被亚摩利人建立的巴比伦王国所毁灭,苏美尔文明无论内在还是名义上,都被巴比伦文明所更替。唯一让人迷惑的是,苏美尔文明被巴比伦文明更替之后,苏美尔语和楔形文字仍然被沿用数百年,但是这个民族却从历史上消失了,成为了一个神话传说。

约公元前3900—前3200年
崧泽出现直筒形水井和三角形石犁

远古人类的生存离不开水，著名的两河流域文明、尼罗河文明、印度河文明、黄河文明等，莫不与水有关。在人类历史上，水井的发明具有特别重大的意义，它使人类得以摆脱对江、河、湖等天然水源的依赖，生存的空间大为拓展。那么，水井最初是谁发明的呢？

崧泽文化是中国的一处新石器时代文化，以上海青浦崧泽遗址为代表，年代约为公元前3900—前3200年。1987年，上海的考古工作者在崧泽遗址进行发掘时，意外地清理到了两口约6000年前的古井。其中一口直筒型水井尤其典型。残深2.26米，直径0.67—0.75米，井壁坚硬，无任何加固材料，井中满是黑灰土。还出土了先

东汉绿釉陶井 B

民食用过后丢弃的鹿骨角、梅子核，烧饭用的夹砂陶鼎、釜残片，以及一件完整的深腹夹砂陶盆。据专家分析，这件陶盆很有可能是套有竹编篮筐的汲水器。在崧泽遗址发现的距今约6000年的水井，是迄今为止中国最早、最典型的水井。水井的开凿和使用体现了人类文明的进步，为人类的定居生活创造了条件。

1988年，上海金山区亭林遗址出土的一件良渚文化黑陶罐，底部阴刻有一"井"字，它与甲骨文、金文乃至今天的"井"字笔画分毫不差。这一发现对中国早期水井

水井 Y

崧泽遗址出土的陶器ⓒ

起源的研究、中国象形文字的发明创造，都是十分重要的依据。

　　此外，1980年，在同属崧泽文化的上海松江汤庙村遗址，考古工作者还发现了一件距今5000多年的耕田用的农具——三角形石犁。这是中国迄今为止发现的最早的石犁之一。石犁的体型扁薄，平面呈等腰三角形，两腰即为刃部，单面斜刃，上下两面打磨比较平整，犁身上琢出圆孔，可以装在木柄上使用。石犁的出现在中国农业史上具有极其重要的意义，说明当时的稻作农业已进入犁耕农业阶段。犁耕突破了以往锄耕缓慢的一点一穴或上下一个反复只能松一块土的作业模式，不但提高了劳动生产率，也提高了翻地的质量，革命性地提高了生产力，标志着新石器时代农业发展新阶段的开始。

良渚文化石犁Ⓨ

约公元前3400年
埃及用尼罗河洪水放淤灌溉

古希腊历史学家希罗多德称"埃及是尼罗河的赠礼"。没有尼罗河水的灌溉，埃及文明可能只会昙花一现。

人类从逐水草而居，择丘陵而处，结网而渔，抱瓮灌园，就开始了供水、防洪、航运、水产、灌溉等水利活动，以至发展到现代的水资源综合利用和水环境的保护与治理。灌溉与排水这一古老工程技术可以追溯到新石器时代。纵观世界纷繁而漫长的水利历史，我们发现，四大文明古国都是有名的善用水利资源的国家，埃及和两河流域的水利都从引洪灌溉开始。

人们熟知的"灌溉"，是向作物提供天然降水所不能满足的水量，对耕地进行控制性供水的一种农业生产方式。而尼罗河采用的"淤灌"，则是引用高含沙水流，淤填低洼荒地，或对低产土地进行的灌溉。约公元前3400年，埃及人已掌握了尼罗河每年定期泛滥的规律，开始沿尼罗河谷地引洪漫灌，发展农业，使农业生产有了显著的进步。从世界范围来说，有文字记载的最早的灌溉工程，就是公元前3400年左右，古埃及的美尼斯王朝修建在孟菲斯城附近，截引尼罗河洪水的淤灌工程。那么尼罗河是一条什么样的河流？为什么数千年前的埃及人要用尼罗河洪水放淤灌溉呢？

埃及地处非洲东北的亚、欧、非三洲交界处的撒哈拉沙漠东部。全国除北部地中海沿岸每年有50—200毫米的降水量外，其余地区的年平均降雨量均在30毫米以下。埃及自建立古文明以后，就以古城孟菲斯为界，分为上埃及（南部）和下埃及（北部）两部分。埃及领土的绝大部分是沙漠，沙漠占全部土地面积的96%，有人

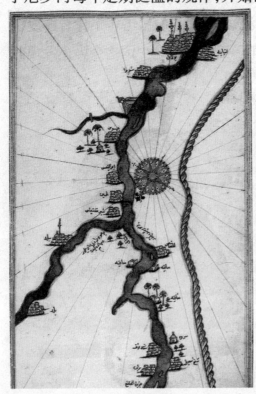

尼罗河古地图 Ⓦ

横跨尼罗河的开罗Ⓦ

居住的土地只占全部面积的4%。古代埃及人集中居住在上埃及的尼罗河谷地和下埃及开阔的河口三角洲地区。埃及全境只有一条河流——尼罗河，它被视为埃及的生命线，自南向北贯穿埃及，最后注入地中海。尼罗河在阿拉伯语中是"大河"的意思。它源自非洲中部的布隆迪高地，流域面积280万平方千米，全长6671千米，是世界第一长河。尼罗河由两条著名的支流组成，即源于塔纳湖的青尼罗河和源于维多利亚湖的白尼罗河。青尼罗河的上游发源于埃塞俄比亚高原上的塔纳湖，多瀑布、急流和峡谷，洪水期在7—9月，枯水期在4—5月，全年流量极不稳定；白尼罗河的上游临近终年多雨的热带雨林地区，全年河水水量变化很小。

几千年来，尼罗河每年都会定期泛滥。每年7月，由于接受源自非洲中部的丰富降雨，尼罗河水位升高并溢出河床，流向河谷，到9月、10月泛滥达到高潮时，整个河谷都淹没在水中。古希腊地理学家斯特拉博对此情景的描绘是："除了人们的居住地——那些坐落在自然形成的山丘与人为的高地上，规模可观的城市和村庄之外，整个国家都淹没在河水之中，成为一个广大的湖泊，远远望去，那些城市和村庄都像是湖中的岛屿一般。"河水退后，留下了一层淤泥，这些淤泥富含磷酸盐和腐殖质，是农作物生长的沃土。这种肥沃的薄层淤泥缓慢而有规律的淤积现象，以

尼罗河一景Ⓦ

尼罗河为埃及农业的发展提供了得天独厚的条件ⓦ

一年为周期,长期延续不绝,对增强和保持耕地肥力发挥了巨大作用。更不可忽视的是,通过淤田蓄水可以淋洗土壤盐分,对土壤进行脱盐,保证了土地的持久肥力。

事物都是有两面性的。泥沙淤积之害,古今中外教训很多。在自然因素中,固有的盐碱侵蚀和洪水漫灌,都使河流两岸民众深受其害。而即使是挡住上游来的洪水也会导致沟渠定期要清淤,农民要付出繁重的劳役。于是当时的统治者面对治水的被动局面采取了拦河淤灌的方法,形成了最早的水利建设思路。

有关的文献史料和许多贵族坟墓中反映农业生产的壁画都表明,古埃及的农民和奴隶在每年泛滥期过后开始整土,趁土地松软着手播种,有时甚至赶来成群的猪羊代替人工将种子踩入田中,此后只须施行一定的田间管理,即可保证丰收的年成。收获之后,随之而来的几个月的干旱,又使水涝和土壤盐碱化得以避免。

古代埃及的劳动人民利用尼罗河的水文特性和两岸肥沃的土地发展耕种,栽培了小麦、大麦、亚麻等农作物,在干旱的沙漠上形成了一条"绿色走廊",创造了辉煌灿烂的埃及文化,使尼罗河下游成为人类文明最早的发祥地之一。因此,埃及人民把尼罗河比喻为哺育、滋养自己的伟大母亲。

约公元前3300—前2600年
钱山漾出现丝织品和麻织物

中国是世界上最早种桑、养蚕及生产丝织品的国家,而且在相当长的时期内是唯一能养蚕缫丝的国家。西方世界对中国的认识,也是伴随着中国丝绸的西传逐步形成的。从某种意义上看,丝绸或许是中国对于世界物质文化最大的一项贡献。丝绸大大丰富了人们的物质文化生活,饮水思源,中国是从什么时候开始利用蚕丝的呢?这一直是中外学者共同关心的问题。

中国很早就有蚕神崇拜,蚕神的形象,是一位美丽的姑娘披着一张马皮,头也像马,俗称马头娘娘。中国历史上关于桑蚕丝绸的起源有许多动人的传说,其中嫘祖教民养蚕制丝的故事,史书上记载最多,流传也最广。相传嫘祖是上古时期北方部落首领黄帝轩辕氏的正妃,她生了玄嚣、昌意二子。后来昌意娶蜀山氏女为妻,生高阳,继承天下,为历史上有名的五帝中的"颛顼帝"。嫘祖还是中国养蚕缫丝的创始人,被尊为"先蚕娘娘"。

蚕Ⓦ

从考古资料来看,中国养蚕缫丝、织造丝绸的历史至少有5000年。1926年,考古工作者在山西夏县西阴村新石器时代遗址中,发现了一个被切割过的蚕茧。1977年,在约公元前5000年的浙江省余姚市河姆渡遗址中,发现了一件刻绘着"蚕纹"和"织纹"的牙雕小盅,表明当时可能已经开始了利用野生蚕丝并驯化家蚕的工作。

钱山漾遗址位于浙江省湖州市钱山漾,是原始社会晚期的一个村落。1958年,考古工作者在这里发现了一批丝麻织品。丝织品有绢片、丝带、丝线等,麻织品有麻布残片、细麻绳,大部分都保存在一个竹筐里。这些丝麻织品除一小块绢片外,全部炭化,但仍保有一定韧性,手指触及尚不致断裂。经碳14测年法测定,它们的遗存年代约

蚕Ⓨ

为公元前3300—前2600年。经鉴定,绢片的表面细致光滑,丝缕平整,明显是以家蚕丝捻合的长丝为经纬交织而成的平纹织物。这是世界上迄今为止所见最早的以家蚕丝为原料的丝织品。

要将蚕茧加工成宜于纺织的纤维,要经过缫丝、练漂及其后续工艺络丝、并丝、捻丝等工序。中国古代不仅形成了完整的蚕丝初加工工艺,而且还发明了相应的工具。蚕丝的主要成分是丝素和丝胶。丝素是近于透明的蛋白纤维,丝胶是黏性的胶质物,包裹在丝素的外面。丝素不溶于水,丝胶则溶于热水。要使丝素宜于纺织,必须将丝胶除去,这道工序就是缫丝。

钱山漾遗址出土的绢片和丝带的精细度和丝的长度都说明,当时养蚕缫丝的水平已经比较成熟。在技术发展十分缓慢的新石器时代,一种技术从起源到成熟,需要相当长的过程。所以,至迟在5000年前,中国的先民就已经广泛地利用蚕丝作为织物原料了。

缫丝图ⓒ

约公元前2686—前1085年
埃及发展灌溉农业

　　埃及是四大文明古国之一。古埃及农业是与河流紧密相连的,每年尼罗河洪水的定期泛滥,为尼罗河流域内的耕地带来肥沃的淤泥,使耕地获得丰富的有机质,并且还为农业生产提供了丰沛的灌溉水源。

　　古埃及的人工水利灌溉历经几千年的发展,取得了很大成效,并得到了历代王朝统治者的重视。尽管如此,古埃及人在很大程度上还是依靠尼罗河每年夏季的定期泛滥来灌溉土地的。古埃及时期已经有了灌溉设备,但是并不起主要作用。只是在尼罗河水泛滥灌溉不到的地方,或者由于尼罗河水水位过低,仅仅能够灌溉到一部分土地,才会使用水利灌溉设备。

　　早在埃及古王国时期(约公元前2686—前2181年),尼罗河两岸的灌溉农业便已初具规模。为加强对尼罗河水的利用,法老经常征调人力兴修水利,派专人长年观测管理。埃及中王国时期(约公元前2040—前1786年),改进了水利系

古埃及农耕图Ⓦ

古埃及农耕图Ⓦ

统,对法尤姆绿洲进行了大规模的开发,扩大了耕地面积,灌溉农业获得较大发展。埃及新王国时期(约公元前1567—前1085年),发明了一种简单而又廉价的浇水灌溉工具"沙杜夫",许多埃及农民都可以使用这种工具。而在希腊罗马时期的埃及出现了较为复杂的人工灌溉设备扬水车,这种灌溉工具需要畜力,主要是靠牛拉动。对农民来说,这是一笔很大的投资,并非每个土地耕种者都可能拥有这样的水利灌溉工具,所以它的使用范围不是很广。

　　尼罗河每年的定期泛滥给埃及带来大量肥沃的土壤和灌溉水源,使得古埃及农业的发展有了得天独厚的条件。古埃及人充分利用尼罗河的水利灌溉,创造了自己独特的农业生产方式。可以说,没有尼罗河,就不会有世界四大文明之一的古埃及文明。

约公元前2350年
印度河流域开始棉花栽培

　　衣、食、住、行是人民生活资料中最基本的四项物质需要，不可一日或缺。我国人民一向把衣排在第一位。《管子》中就有"衣食足则知荣辱"的话，可见衣的重要了。现在，棉花及其纺织品已成为"南北皆宜，老幼适用"的大宗衣料，较之丝、麻、葛、毛、羽、皮等的使用广泛得多，它已成为居世界首位的重要纺织原料。

　　亚洲西南部是棉花起源地之一。现有资料认为，印度河流域的人们是世界上最早栽培棉花并用棉花纺线织布的人。在大约公元前2350年，印度河流域出现了100多处城镇和村落。这些古代的城市文化被统称为哈拉巴文化，又因位于印度河流域而被称为印度河流域文化。这时的农业生产已经达到相当高的水平，成为居民的主要生产活动。当时人们已经能够加工用铜与青铜制作的工具和武器，出现了用青铜制作的鹤嘴锄和镰刀，主要种植的作物有大麦、小麦、豌豆、胡麻、甜瓜和枣树等，并开始了世界上最早的棉花栽培。

　　根据考古资料，最早的棉织物出土于印度河文明的摩亨佐·达罗遗址。据研究，这些棉织物确为棉纤维，并且是由有高度技术的匠工制成的，绝不是试探性的新技术或不谙原料性质的人所能制造的。经过测量研究，证明摩亨佐·达罗的棉纤维显然同今天的印度棉纤维长度相似，可见棉纤维的培育在那时已经大致完成了。在洛特尔遗址的一个仓库里，出土了一批印章，印章外面有明显用席

摘棉花的印度妇女ⓦ

子和棉布包捆的痕迹。从阿拉姆遮普的哈拉巴地层中也出土了棉织物,棉纱纺得比较细,采用的是平纹纺织技术。

公元前5世纪,古希腊历史学家希罗多德在印度旅行时记述了那里种棉花的情况:"印度有野树,絮果佳美,超过柔白的羊毛,印度人用此絮纺纱、织布、成衣。"由于印度棉织品精美新颖,早在史前相当一段时期里就享有名声,远销各地。据说波斯国王亚哈随鲁过节日的时候,专用印度织的白色和蓝色条纹棉帐装饰圣殿。埃及王阿迈赛司曾赠送给斯巴达使者精致的棉背心作为珍贵礼品。

印度河流域是人类文明的发源地之一,从古代城镇遗迹摩亨佐·达罗可以看出,这里设施完善,拥有世界上第一个城市卫生系统,而且有证据表明,这里的数学、工程学等也非常先进,其文明发达的程度毫不逊色于其他古文明。但是在公元前1750年左右,印度河文明突然消失了,很长一段时间人们甚至不知道它的存在,直到1920年代,考古学家才使之重见天日。然而,如此灿烂辉煌的文明究竟是什么人创造的?这个文明后来为什么突然消失?这些仍然是尚待解决的谜团。

古印度印章ⓦ

约公元前21世纪
大禹治水

大禹治水是中国古代著名的神话传说，在《尚书》、《山海经》、《论语》、《淮南子》、《墨子》、《史记》等文献中均有记载。今天，能够见到大禹治水的最早文献记载是《尚书》和《诗经》二书，内容记载较为完备的是《史记》。

禹是中国传说中的古代部落联盟领袖，相传生活在约公元前21世纪，那时洪水泛滥、久治不息，给人民带来了深重的灾难。禹的父亲鲧奉命治水，用筑堤堵塞的方法治水9年，始终徒劳无功。后来禹继任领导治水工作，据后人记载，他一改其父"以壅塞而阻水"的方法，而以疏通河道和宣泄洪流为主，领导人民疏通江河，兴修沟渠，发展农业。在治水13年中，三过家门而不入，终得治水成功。由于治水有功，禹被舜选为继承人，在舜死后担任部落联盟领袖。当时和后世的人们对禹治水的功绩无不交口称赞，尊称他为"大禹"。后来禹的儿子启建立了中国历史上第一个奴隶制国家，即夏朝。

传说禹在治水过程中还根据实地勘测，划定九州，深入调查各州的土壤和物产，规定各州的贡赋；同时还率领人民进行平治水土的工作，挖沟筑渠，辟土植谷，修建原始的排灌工程，使农业生产得到迅速的恢复和发展。

大禹治水是人类历史上具有伟大

大禹画像Ⓦ

意义的事件，人们将大禹治水归于征服自然的一种象征，并将历代称颂的大禹视为英雄人物。大禹治水的成功，使危及华夏居民生存的洪水大患得以消除，使人民的农业生产活动得以正常进行，标志着华夏居民战胜自然灾害的能力有了巨大的进步。据清代胡渭对历代河道的考证，自禹之后到周定王五年(公元前602年)之前，未再发生严重的河患。禹总结前人治水的经验教训，探索出顺应自然规律，因势利导的治水方略，其治水思想对后世有深远影响。

大禹雕像⑨

洪水给人类带来了深重的灾难⑩

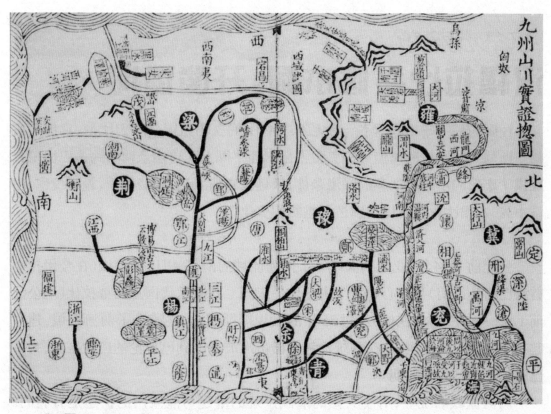

《禹贡山川地理图》之《九州山川实证总图》 作于南宋淳熙四年（1177年），描绘
大禹治水成功后分天下为九州，是我国现存最早的雕版墨印地图实物。Ⓦ

大禹治水是否真有其事呢？应该说，大禹治水，虽然被后人掺杂了一些理想
化的色彩，但仍有其基本的历史事实，并非子虚乌有。在禹的时代，文字还没有
发明，那时人类的突出活动是以传说的形式口口相传。到了文字发明以后，才为

大禹治水图Ⓦ

后代所追记。春秋战国时期有关禹治水的记载很多，那
时，诸子百家作为不同阶级和派别的不同思想流派，他
们之间的争论是十分激烈的，但在互相指责和互相揭发
的过程中，不仅没有提出过对古代这件极其轰动的事业
的怀疑，而且对洪水发生的时间、规模、主要技术措施、
施工时间的长短和主要成就的说法都大体一致。可见，
大禹治水的故事应该是可信的，绝非后世所编造，它反
映了4000年前中国先民的生存状况及敢于面对自然灾
害的英勇精神。

约公元前18世纪
汉穆拉比兴修水利，开凿运河

在阿拉伯半岛上曾经有一个后来灭亡了的文明古国——巴比伦，它位于底格里斯河与幼发拉底河流域的美索不达米亚平原上。这两条河流为古巴比伦人提供了丰富的水源和便利的灌溉条件，使这里农业发达，经济繁荣，森林茂密，山清水秀，古巴比伦人在这里创造了灿烂的文化。

公元前1894年，亚摩利人统一了两河流域的南部，以巴比伦城（在今伊拉克首都巴格达以南）为中心建立了古巴比伦王国。其第六代国王汉穆拉比（约公元前1792—前1750年在位）经过35年的大规模征战，最终统一了两河流域，建立起奴隶制的中央集权国家，其统治势力横贯从波斯湾到巴比伦的广大区域，为古巴比伦王国的极盛时期。

两河流域的统一，对于失修的灌溉系统的重建与灌溉网的扩建是有利的。据记载，汉穆拉比极为重视水利建设，他在位时期，曾下令开凿河渠，兴建灌溉网，并开凿了一条沟通基什和波斯湾的运河，使灌溉系统有了扩大和改善。这一

巴比伦遗址远眺Ⓦ

17世纪欧洲人所描绘的巴比伦想象图Ⓦ

工程在当时不但使大片荒地变成良田,而且使南部许多城市永绝水患,也大大方便了帝国的交通。汉穆拉比开凿渠道、兴修水利的政策,对于加强其统治地位,促进巴比伦经济的发展,起了重大作用,在古代东方灌溉业上占有显要地位。

汉穆拉比在统治之初,就继承苏美尔—阿卡德时代各邦的法律,并结合当时当地的习惯法汇编成一部法典——《汉穆拉比法典》。这是目前已知的世界上最早的一部完整保存下来的成文法典。这部法典在当时究竟有多少种文本流传,现在已经不得而知了,今天所能见到的版本是法国考古学家于1901年发现的。该法典全文用阿卡德语写成,共3500行,刻在一根高2.25米的黑色玄武岩石柱上(石柱现存巴黎卢浮宫博物馆),所以又被人们称为"石柱法"。石柱上端是一幅精致的浮雕,内容为汉穆拉比国王从太阳和正义之神沙马什手中接受象征王权的权杖的图像,浮雕以下刻有16栏文字,石柱背面接着刻有28栏文字,这些文字的内容就是《汉穆拉比法典》。

摄于1932年的巴比伦遗址Ⓦ

巴别塔想象图Ⓦ

法典在结构上分为序言、正文和结语三部分。正文共282条,这是法典的主体部分,序言和结语则申明了国王在奴隶制国家政治生活中至高无上的地位,阐述了奴隶制法典的立法指导思想。整个法典结构严谨,文字优美,比较全面地反映了古巴比伦的社会情况,为我们勾画出公元前18世纪前后古巴比伦的政治、经济与阶级结构等方面的概貌,是一部研究古代东方史的珍贵史料。

法典内容广泛,有相当一部分内容与经济有关,反映了当时的农业生产状况。其中有些条文与水利有关,可以看出国家对兴修水利十分关心,如从法典序言的内容可知,汉穆拉比在位的第八、九、二十四、三十三年是兴修水利或开凿运河之年。当时巴比伦人也经常开渠引水,有时还出现因开渠而淹没邻居田地的纠纷,因此法典规定,如某自由民引水灌溉时,不慎淹没了别人的田地,则必须按面积作出适当赔偿。法典也提到了耕犁和耕牛等役畜,此外,对有关出租和耕耘土地、放牧和管理牲畜以及修建、管理果园等,也作了具体规定。

刻在石柱上的《汉穆拉比法典》Ⓒ

约公元前16—前11世纪
物候历《夏小正》出现

候鸟春秋迁飞，蛇蛙冬前蛰伏，百花深秋凋谢，腊梅傲雪迎春……这些与气候密切相关的自然现象，中国古代劳动人民称之为物候。中国农业发展历史悠久，人们在长期的生产和生活实践中，逐渐认识到草木荣枯、候鸟去来等自然现象同气候之间有一定关系，于是很早便注意收集物候资料，并且按月记载下来，作为适时安排农业生产的依据。

物候历又称自然历，是以自然界中生物和非生物的物候现象为指标来表示一年中季节来临早迟的一种日历。中国是世界上编制和应用物候历最早的国家，3000年前的《夏小正》一书，即为记载物候、气象、天文、农事、政事的物候历，是中国现存最早的文献之一。

《夏小正》由"经"和"传"两部分组成，全书只有四百多字，文辞古朴简练，大多数是两字、三字或四字为一完整句子。虽然用字不多，内容却相当丰富。它以夏历一年12个月为序，分别记述每个月中的星象、气象、物候以及所应从事的农事和政事，其中最突出的部分是物候。书中记录的物候共有60条之多，其中属于动物的物候37条，植物的物候18条，非生物的物候5条，涉及11种兽类，12种鸟类，11种虫类，4种鱼类，12种草本植物，6种木本植物以及风、雨、旱、冻等气象现象，种类繁多，范围广泛，这是长期大量观察的积累。每月一般都用三五个物候来表示，多的达到7个，提供多方面的物候知识以把握农时。

从《夏小正》的内容不难看出，远在3000多年前中国的物候观察内容已很丰富。植物方面，对草本、木本都进行了观察；动物方面，凡鸟、兽、家禽和鱼类生活都已注意到了。

据考证，《夏小正》的经文成书年代可能是商代或商周之际，最迟也是春秋以前居住在淮海地区沿用夏时的杞人整理记录而成的。其内容则保留了许多夏代的东西，为研究中国上古的农业和农业科学技术提供了宝贵的资料。《夏小正》的"传"则是战国时候所作。

候鸟迁飞、草木荣枯、花开花落等都是物候现象

约公元前13世纪
殷商阴阳历开始使用

历法就是用年、月、日计算时间的方法。历法主要是农业文明的产物，最初是因为农业生产的需要而创制的。古今中外的历法大体分为三种类型，即阳历、阴历和阴阳历。

阳历，也称太阳历，它是按照太阳的运行周期为天文依据而编制的历法，例如现行的公历。阳历的特点是，年的长短依据天象而定，平均长度约等于回归年；月的长度和一年定为几个月，则是人为规定，同月相盈亏无关。

阴历，亦称太阴历，它是以月亮的运行周期为天文依据，采用朔望月作为基本周期而编制的历法，例如伊斯兰教历。阴历的特点是，月的长短依据天象而定，平均值大致等于朔望月，大月30日，小月29日；一年中的月数则是人为规定，同回归年无关。

阴阳历，它是把太阳和月亮两者的运行周期同时作为天文依据而编制的历法，把回归年和朔望月并列为基本周期，例如中国现仍保留使用的农历。阴阳历的特点是，既重视月相盈亏的变化，又照顾寒暑节气，年月长度都依据天象而定。月的平均值大致等于朔望月，年的平均值大致等于回归年。

中国是世界上最早发明历法的国家之一，在上古传说时期就有了历法的萌芽。到夏商周时，随着农业的发展，用来指导农业生产的历法也得以迅速发展而初具规模。世界上使用阴阳历，以中国为最早。从出土的甲骨卜辞考证，中国早在约公元前13世纪的殷商时代，已在使用一种较粗略的阴阳历，年有平年、闰年之分，平年12个月，闰年在年终置一闰月，共13个月；每月以新月为始，月有大、小之别，大月30日，小月29日，大小月相间，间或插入一个连大月，可见当时已经知道1朔望月长度应略大于29.5日，但连大月的安插尚无一定之规。同样，闰月的安置也带有较大的随意性，甚至一年中有14个月或15个月的记载。这些情况表明，这时的历法虽已有一些明确的规则，岁首已基本固定，季节与月名之间也有了基本固定的关系，但仍须依据实际的天象观测结果，随时作出相应调整，这种状况一直延续到西周时期。

公元前11—前9世纪
古希腊荷马时代农业发展

　　公元前11—前9世纪是古希腊的荷马时代,因《荷马史诗》而得名。因史诗描述的是神话中英雄的故事,故又称英雄时代。荷马时代处于迈锡尼文明衰落之后希腊历史在一些方面出现暂时曲折的时期,因而也有"黑暗时代"、"希腊的中世纪"之称。

　　荷马时代的古希腊生产力水平有了重大进步,当时已经掌握了铁器的冶炼技术,并已将铁器广泛地运用到农业和手工业的生产中。铁制工具的出现是社会生产力提高的一个显著标志。农业和畜牧业是当时主要的生产部门。当时的希腊人已经开始使用犁、锄、铲和镰刀等铁制农具。犁用双牛牵引进行深耕,栽培小麦、大麦等谷物,使用自然肥料;种植谷物的土地每年需要翻耕2—3遍,为了恢复地力采用隔年休耕的二圃制;收割时用镰摘穗,再以役畜践踏禾穗来脱粒,加工则用杵、臼等器物;此外还适当种植橄榄、葡萄和牧草;畜牧业如马、牛、羊、猪等已由专人成群饲养,牲畜、皮革和铜、铁一起充当物物交换的媒介,手工业开始与农业分工。

　　随着农业的发展,私有财产与阶级分化开始出现。遍布各地的农村公社把土地分成小块份地,分配给各个家庭耕种。有权势的人逐渐成为贵族,占有较多和较好的土地,并从事经营田园和牧场。大批公社成员失掉份地、沦为乞丐或佣工。荷马时代后期,氏族部落的管理机构开始向国家统治机关过渡。

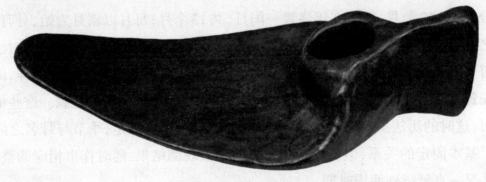

古希腊铁锄Ⓦ

约公元前1046—前771年

星象、物候、历法相结合确定农时

农时是适合耕田、播种、收获等农事活动的时节,分春、夏、秋、冬四个季节。农作物萌发、生长、开花、结实、成熟等,与时节有一定的对应,把握这种节律,是农业丰收的基本保证。可以说,农时决定了农业生产的总体安排和收成丰歉,因此中国的先民很早就特别注意把握农时,强调在农业生产中要"不违农时"。

所谓不违农时,关键在于把握作物适宜的播种期和收获期。约公元前1046—前771年,中国西周时期的人们已掌握用土圭测日影定季节和求一个回归年长度的技术,将星象、物候、历法结合起来作为确定农时的依据。

西周时期的历法主要见于《诗经》和《尚书》。《诗经》中已有春、夏、秋、冬四季的全部名称。由于岁差的缘故,季节和恒星位置的关系是在不断变化的,只有用土圭观察太阳圭影在日中时的高度变化,才能较准确地反映季节变化的本质。《尚书·尧典》中有"日中"、"日永"、"宵中"、"日短"的描述,实际上已有春分、夏至、秋分、冬至等"二分"、"二至"四个节气的概念,后来演变成二十四节气和七十二候,用以指导中国古代的农业生产。

二十四节气是根据地球环绕太阳运行一周内的气候变化,将一年等分为二十四段气候区间,每一等分区间分别为一个节气。为便于记忆,人们编出二十四节气歌诀:"春雨惊春清谷天,夏满芒夏暑相连,秋处露秋寒霜降,冬雪雪冬小大寒。"即我们今天所熟悉的立春、雨水、惊蛰、春分、清明、谷雨、立夏、小满、芒种、

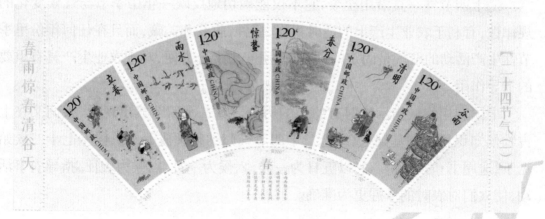

《二十四节气(一)》邮票①

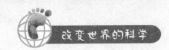

夏至、小暑、大暑、立秋、处暑、白露、秋分、寒露、霜降、立冬、小雪、大雪、冬至、小寒、大寒。

二十四节气石雕⑦

据《吕氏春秋》记载，战国时期，立春、立夏、立秋、立冬即"四立"已经出现。西汉初年的《淮南子·天文训》中已有完整的二十四节气名称的记载，说明二十四节气在秦汉时期已趋于完善，被作为指示时宜的重要指标，广泛运用于农业生产。东汉《四民月令》中的农事是按月令编排的，已全面利用二十四节气来指导农业生产了。这说明，二十四节气的使用至今已有两千多年的历史。

二十四节气一直沿用至今，它不仅能确切地反映一年中季节与气候变化的规律性，有利于农业生产上的适时耕作、播种、收获和贮藏，而且在任何年份里季节性生产活动的节气是固定的，所以使用起来十分方便，对于农业生产具有重要的指导作用。

中国利用物候指示农时有悠久的历史。在二十四节气出现后，人们又在上古物候知识积累的基础上，结合二十四节气归纳整理成七十二候。七十二候始见于《逸周书·时训解》。它以五日为一候，六候为一月，以候为表征，指导农事活动，使人们对农时的掌握更为准确。

约公元前8—前6世纪
古希腊城邦时期农业呈现新发展

约公元前8—前6世纪是古希腊奴隶制城邦形成的时期。城邦(即城市国家)由一个中心城市和附近若干村落组成,最初是由原始公社演化而来的一种公民集体,后来逐渐发展成贵族政治,经过独裁的僭主政治,再演化成奴隶主民主政治。

古希腊的城邦经济使农业生产有了新的发展,铁锄、装有铁铧的犁和其他铁制农具的广泛使用,使希腊多山而贫瘠的土地成片地得以开垦和耕种。此时谷物的种植面积虽然进一步扩大,但是因为人口增加与土地不足,所产谷物仍然不能自给,因而需要通过对外贸易,用葡萄酒、橄榄油及其他手工业制品换取短缺的粮食,海外殖民与海外贸易逐渐发展。

从观念上看,土地被认为是最重要而且最可靠的财富资源,相应地,农业成为高贵的职业,而工商业则被看成是卑贱的职业,不符合上等人的身份,这种观念最为明显地反映在贵族阶层的社会心理中。从社会的经济结构来看,农业是社会的经济支柱,也是城邦最重要的经济来源。社会人口的绝大部分所从事的都是与农业相关的生产。决定人们社会与政治地位的是农业和对土地的所有权,而不是手工业和商业。

到了大约公元前6世纪,古希腊的生产技术虽然没有得到根本变革,但是在细节上有所提高。在土地肥沃地区开始用谷物和蔬菜的轮种代替休耕;在陡峭的山坡上修筑梯田;用沟渠引水来浇灌旱地;以掺土和换土的方法来改良土壤;施用硝石、草木灰及人畜粪尿来肥田等。可见,当时的希腊人已经了解并能辨识土壤的类型、作物的习性和各种不同肥料的功用。

古希腊橄榄收获场景

约公元前770—前476年
中国春秋时期农业进一步发展

使用铁制农具是农业生产上的一次革命,这一革命在中国大致发轫于春秋时期(约公元前770—前476年)。

根据文献记载,春秋时期中国发明了冶铁技术并用于农业生产,开始使用铁犁耕地,铁制农具有锄、锸、铲等。如《左传·昭公二十九年》记载,晋国向民间征收"一鼓铁,以铸刑鼎"。表明春秋时期已有冶铸生铁的技术。《国语·齐语》记载,管仲曾提到"美金以铸剑戟,试诸狗马;恶金以铸锄夷斤劚,试诸壤土"。表明当时"美金"(指青铜)已被用来制造刀剑,宰狗杀马;"恶金"(指铁)已被用来制造农具,耕地翻土。现已出土的春秋时代的铁农具,有陕西雍城(秦故都)春秋中期贵族墓中的铁铲,湖南长沙楚墓中的铁铲、铁口锄等。中国冶铁业出现并不太早,但发展很快。春秋晚期白口生铁的遗物已被发现,至迟到春秋战国之际,中国人

春秋时期的铁锸Ⓑ

春秋时期的铁锄Ⓑ

战国时期的铁耜Ⓑ

南北朝时期的铁铧Ⓑ

农耕蜡像Ⓨ

民又发明了生铁柔化处理技术,能够把又硬又脆的白口生铁加以柔化处理,使之成为可锻铸铁。生铁冶炼技术的发明和发展,大大提高了生产率,降低了成本,改善了铁制品的质量,为铁农具的推广提供了十分有利的条件。在战国中晚期可锻铸铁已被广泛用来铸造锄、镢等农具。

春秋时期出现了牛耕,创造了牛穿鼻的使役技术。《国语·晋语》载:"将耕于齐,宗庙之牺,为畎亩之勤。"表明当时宗庙里作牺牲祭品的牛,已被转用来供田间耕作。关于牛耕,古文献中有这样有趣的记载:孔子的弟子"冉耕字伯牛",

南宋李迪《风雨归牧图》 中国在春秋时期出现了牛耕,中国农民对勤劳而又温和的牛有着深厚的感情。Ⓦ

49

汉代劳作俑⑧

"司马耕字子牛"。牛与耕相连用作人名,可见牛耕应该已是人们习见的现象。牛耕的使用,是中国农业技术史上使用动力的一次革命。用牛代替人力耕田,不但解放了人力,也使耕作效率大大提高。由于牛耕的推广,铁犁铧取代了青铜犁铧;出土的春秋战国时期的犁铧冠多数呈 V 字型,套在犁铧前头使用,以便磨损后更换。汉代的铁犁已有犁壁,能起翻土和碎土的作用。中国铁犁几经演变后,约在 18 世纪传入欧洲,对欧洲犁的改进和耕作制度的变革起了重大作用,引发了欧洲的农业革命。

由于农业和军事的需求,春秋时期出现了相畜术,即根据家畜的外形特征来选拔优良的个体,如《周礼·夏官》中记载的"马质"一职,就负责评议马的价值,他们必须能够分辨各种类型马的优劣。春秋时期最著名的相马家是伯乐和九方堙,相牛家是宁戚,相传他们有著作《伯乐相马经》《宁戚相牛经》。兽医技术也有了初步的发展,已出现医术精湛的兽医。当时的专业兽医还有了分工,《周礼·天官》中记载的"兽医"就包括"疗兽病"的内科和"疗兽疡"的外科。

相畜术ⓒ

约公元前476—前221年
黄河流域开始形成传统的精耕细作技术

为应对严重土壤退化问题,20世纪初,美国国家土壤局局长富兰克林·金专程来中国考察农业。令他感到惊奇的是,中国农民用一英亩(约4047平方米)土地养活了一家人,而同样地块在当时的美国只能养活一只鸡。这是为什么呢?

原因很简单,因为中国自古以来采用的就是以精耕细作为主要特点的传统农业科学技术。精耕细作不是指单项技术措施,而是指综合的技术体系,这一技术体系的基础即集约的土地利用方式。

土地利用是农业技术的基础。扩大农用地面积和提高单位面积农用地的产量,是发展农业生产的两条途径。随着人口的增加,中国历代都在扩大耕地面积和农用地范围,但至迟从战国时候起,已把发展农业生产的重点放在提高单位面积产量上。从先秦诸子到贾思勰、陈旉,到明清时代的农学家,无不强调集约经营、少种多收,无不反对粗放经营、广种薄收。

为了在有限的土地上获得尽可能多的产量,中国古代劳动人民发挥聪明才智,不断提高土地利用水平,并在生产实践中总结出一套行之有效的精耕细作技术,使中国传统农业的土地利用率和单位面积产量达到了古代世界农业的最高水平。

从春秋中期开始,中国开始步入铁器时代,奴隶社会也逐步过渡到封建社会。全国经济重心在黄河流域中下游。战国时期(约公元前476—前221年),黄河流域已经普遍使用铁犁和牛耕,开始出现连年种植,轮作复种也已萌芽,出现深耕熟耰、深耕疾耰、深耕易耨的耕作技术,传统的精耕细作技术开始形成。

耕作制度在春秋战国时代发生了很大的变化,从西周时代的休闲制逐步向连种制过渡,大抵春秋时代是休闲制与连种制并行,到

神农教民耕作⑩

51

战国时代连种制已占主导地位了。

耕地连年种植，并不等于每年都种同一作物。战国时期，为了调节地力，防止病虫害，人们开始实行轮作制。《吕氏春秋·任地》指出，在深耕细作，消灭杂草和虫害的前提下，可达到"今兹美禾，来兹美麦"，即实行禾麦轮作。如果禾收割后种的是冬麦，而次年冬麦收获后再种一茬庄稼，就是两年三熟的复种制。目前一般认为，战国时代黄河流域已经在土地连种制的基础上出现了复种，但可能还未普遍实行。

这一时期，土壤耕作技术也有了进一步的发展，着重提倡深耕熟耰、深耕疾耰、深耕易耨，形成了耕耰结合的耕作体系。

铁农具在农业生产上的应用，为深耕准备了条件，而人们在农业实践中对深耕作用的认识也大大加深了。《吕氏春秋·任地》记载："其深殖之度，阴土必得，大草不生，又无螟蜮，今兹美禾，来兹美麦。"这段话，前两句讲深度要求，即要求耕到地里有湿土的地方；后四句讲深耕的作用，即既能防止杂草的滋生，又能避免虫害，同时对当年和下一年庄稼的良好生长都有作用。这种认识是相当科学的。

"耰"原是一种农活名"劳"，其最初的含意是覆种；由于覆种要碎土、盖平，又兼有碎土、平地之意。所谓"疾耰"，是要求在耕播后迅速及时地碎土覆种。所谓"熟耰"就是细致地碎土，均匀地覆种。黄河流域是一个春旱多风的地区，春季不但雨量稀少，且因风多，土壤水分蒸发量大，耕地播种以后，如果不立即覆种，将地整好，就会造成跑墒。因此，在耕播之后就要"疾耰"、"熟耰"，以利出苗。可见"疾耰"和"熟耰"是抗旱保墒整地技术发展的初级阶段，是从早期的粗放耕作向以耕、耙、耮为中心的旱地精耕细作技术体系过渡的环节之一。

中耕除草，古代称之为耨或耘，西周时代已是重要农事活动。"易耨"的"易"，

正在农田里除草的农民▷

中国对有机肥的利用具有悠久的历史Ⓦ

是疾速的意思。耘耨之所以要求快速，是因为要赶在杂草蔓延以前把它扑灭，同时也因为及时中耕有防旱保墒作用。

这一时期栽培技术方面的进步还表现在对农时的重视、实施多粪肥田及良种选育和害虫防治等，使得当时的黄河流域精耕细作农业发展到了一个新的高度。

提高土地利用率与单位面积产量，是中国传统农业的主攻方向，也是精耕细作技术体系的基础和总目标，但中国传统农业所追求的高度的土地利用率和单产水平，并非一时性的掠夺措施，而是着眼于长久性的永续利用。中国自古以来就注意采取各种积极的措施培养地力，并形成传统。战国时期即已出现了农田施肥的明确记载，反映出当时黄河流域农田施肥已是比较普遍的现象。此外，菽（大豆）在战国时代已和粟并列为主要粮食作物，大豆的根瘤有肥地作用，它的广泛种植并参与禾谷类轮作，有利于在连种条件下用地与养地相结合。总之，高度用地与积极养地相结合，以获得持续的、不断增高的单位面积产量，是中国传统农业区别于西欧中世纪农业的重要特点之一。农业化学创始人、德国的李比希认为，中国对有机肥的利用是无与伦比的创造，并将中国农业视为"合理农业的典范"。

正因为如此，中国的土地连续耕种了几千年，不仅没有出现土壤退化的现象，反而越种越肥沃。

约公元前3世纪
中国大豆传入朝鲜

作为五谷之一的大豆自古至今是人类重要的粮食与油料作物。科学家认为，大豆是人类食物和营养供应源，起源于中国的大豆为人类的生存和发展作出了重要贡献。

大豆 W

大豆原产于中国，它的古名叫"菽"，如今拉丁语、俄语、英语中的大豆都源自"菽"的发音。中华民族悠久的栽培食用大豆的历史至少可以上溯到4000年前。秦代以前大豆一般称"尗"，后假借为"叔"，或作"菽"。"豆"在古代原指食器，战国时少数文献中已用以代替"菽"字，但到秦、汉时才普遍用"豆"字。秦、汉以后，又因豆粒色泽的不同，而在大豆的名称前加上了黑、白、黄、青等字，作为某一品种的专名，大豆则成为其统称。

据学者研究，《诗经》、《管子》、《吕氏春秋》等古代文献中都有关于"菽"的记载，说明大豆可能已经在当时居民的饮食生活中占有比较重要的地位。如《诗经·小雅·小宛》记载"中原有菽，庶民采之"；《诗经·小雅·采菽》记载"采菽采菽，筐之筥之"。根据甲骨文、金文、秦汉简牍等文字资料和考古遗址中出土的栽培大豆遗存可知，在商周或者年代更早些时，大豆已经被远古先民所栽培利用，成为当时农业的主要内容。从周代金文中"菽"字的写法，有学者认为当时人对于大豆根瘤已有所认识。

全世界的大豆共有9个种，分布于亚洲、澳洲及非洲，其中中国的野生大豆被公认是栽培大豆的祖先种。所以世界各国栽培的大豆，都是直接或间接从中国传播过去的。中国与朝鲜在经济文化上很早就有了频繁交往，大约在公元前

3世纪,大豆由中国华北传入朝鲜,而后又从朝鲜传到日本;公元6世纪前后,又通过商船自中国华东传播到日本九州一带;公元712年,日本《古事记》中开始有大豆的记载;18世纪开始传往欧洲。1740年,法国传教士从中国带回大豆种子在巴黎植物园种植;1786年,大豆传到德国;1790年,英国皇家植物园也引进了大豆,但长期未大量种植。1854年大豆传至美国,但当时的栽培面积很少。直到1873年,中国的大豆在奥地利首都维也纳举办的万国博览会上第一次展出,才引人注意,被视为珍品。自此,中国的大豆名闻四海,传播四方,中国也被称为"大豆王国"。

1903年,中国东北开始出口第一批大豆,运往英国榨油。自此以后中国大豆便进入世界市场,成为与茶、丝并列的中国三大出口产品之一。大豆的栽培除亚洲各国以外,第一次世界大战以后的近几十年来,欧洲和美洲各国都广为栽培或试种成功,现在大豆已分布于世界各地。

中国大豆以其含有丰富的营养而受到世人关注。大豆是人类蛋白质食物的重要来源和重要的油料作物,也是牲畜的优质饲料,而且还是农业生产上不可或缺的养地作物。从世界各国农业发展的历史来看,各国农民很早就认识到大豆和其他豆科作物的养地作用,采取豆科作物和禾谷类作物轮作。例如中国早在先秦时代就已经开始利用大豆来做养地作物,实行豆、麦轮作。可见,无论是直接还是间接,大豆在农业生产中都有着特别重要的意义。

紫色的大豆花Ⓦ

约公元前256—前251年
李冰主持修建都江堰

中国农业从大禹治水的传说开始直到今天，都是在与洪、涝、旱、碱、沙等自然灾害作斗争的过程中逐步发展起来的。可以说，没有水利，就没有农业，这和古代欧洲的农业"决定于天气的好坏"截然不同。

都江堰水利工程位于中国四川省都江堰市，地处岷江流域的成都平原，是世界上历史最悠久的无坝引水灌溉工程。

岷江自四川北部高山急流而下，流到今都江堰市一带时，地势突然平坦，水势骤减，泥沙淤积河床，每当夏季雪水消融，流量骤增，使靠近岷江正流的成都平原经常发生水灾，因此开发成都平原必须治水。约公元前256—前251年，秦昭王任用李冰为蜀郡守，希望解决岷江经常泛滥的水患问题。

李冰是一位杰出的水利学家，通晓天文地理，精通治水。他经过实地调查，设计了完备的工程结构，发动当地人民修建了驰名中外的都江堰水利工程，解决了防洪、排灌和运输等多种问题。直至今日，这项水利工程还在发挥它良好的效益。

都江堰的修建有着完善的规划和合理的布局，其枢纽工程主要由都江鱼嘴、

都江堰©

飞沙堰和宝瓶口三项组成。

都江鱼嘴又叫分水鱼嘴,是修建在岷江中的大堰,形似鱼嘴,由此把岷江水分导流入内外二江,外江为岷江正流,内江经宝瓶口流入成都平原灌溉农田。都江鱼嘴是用江中卵石装进竹笼修筑起来的。这个分水建筑物的地点,选在岷江由山谷急流进入平原河槽的峡口上,这里水流较易控制,施工比较容易,同时自峡口以下进入平原地区,地势逐渐向东南降低,有利于分水引流和自流灌溉。这个鱼嘴基址两千多年来基本没有什么变动,说明了其选点的正确和合理。

飞沙堰是同内金刚堤下端衔接的内江溢洪排沙关键工程。内江的水通常从宝瓶口流泄,但水量大时,宝瓶口起天然节制作用,不使洪水危害下游的成都平原农田,飞沙堰作为宽广的溢洪道,使过量的水漫过堰顶,泄回外江,并把洪水挟带而来的泥沙卵石排到外江,兼具溢洪和排沙双重作用,故名"飞沙"。

宝瓶口是控制内江流量和引流灌溉的咽喉工程,是人工凿断玉垒山岩石而辟出的一个进水口,因其形如瓶口而得名。宝瓶口是利用狭窄的通道来控制洪水和泥沙的,故具有天然节制闸的作用。进水的多少,则是通过都江鱼嘴处内江口的"杩槎"来控制的。

这样都江堰主要通过都江鱼嘴、飞沙堰和宝瓶口三者的配合使用,调整流量,达到少雨年份不缺水,大水年份不成灾的效果。

除以上三项主要工程外,都江堰水利工程还有一系列的配套设施,如百丈堤、金刚堤、人字堤等,它们都起到约束和导引内江水进入宝瓶口的作用,以利于

都江鱼嘴❶

宝瓶口和离堆①

下流农田的灌溉。

都江堰水利工程建成后,李冰还注意组织一年一度的岁修。他提出的岁修原则是"深淘滩,低作堰",意思就是挖泥沙要深一些,而堰顶筑得不可以太高。后人把这六个字刻在为纪念李冰而修的庙的石壁上。

都江堰建成后,使成都平原渠系密布,灌区辽阔,溉田万顷,"旱则引水浸润,雨则杜塞水门",巴蜀的农业经济迅速发展,为秦统一六国提供了基本的物质保障。秦汉之后,经过历代不断整修、完善,都江堰的功能日益增强。两千多年前建造的都江堰,至今仍发挥着防洪、灌溉、航运作用,使成都平原发展成为"水旱从人,不知饥馑"的"天府之国",其本身更成为世界水利史上的一个奇迹。

杩槎 杩槎是一种临时性的截流建筑物。以圆木构成三脚架,中设平台,台上置石块,保持稳定。应用时以多个排列成行,在迎水面上加系横木和竖木、外置竹席,并加培黏土,即可起挡水作用,不用时即可拆除。Ⓨ

约公元前160年
加图著《农业志》

《农业志》是古罗马历史上第一部农书,其作者加图是古罗马共和时代一位声名显赫的人物,他不仅是有名的政治家和作家,还是一位极富辩才、谈吐幽默的演说家,博学多闻的历史学家,拉丁文学的奠基人,尤其是一位亲身从事农业管理的农学家。

加图一生著述颇多,内容涉及法律、文学、军事、医学和农学。《农业志》著于约公元前160年,全书162章,按其内容大体可划分为五部分,不仅涉及农业技术和农事管理,而且涉及农业生产关系(特别是土地所有制)、奴隶制关系和阶级关系等各个方面。第一部分:序言。第二部分:总论,有13章,论述田产购置、庄园建设、管理人员的职责、因地制宜安排作物种植以及各种规模地产的人员和设备,等等。第三部分:庄园建设和设备制作,有9章,讲房舍建筑及机器安装与调整。第四部分:四季农事安排,有31章,主要包括秋播、

加图ⓦ

饲料作物、积肥、谷物锄耘、果树嫁接修剪、果品收获、酿酒,等等。第五部分:农家日常杂务,有109章,主要包括饲料加工、食品制作、家禽饲养、畜病防治、物品保存、包工和出租合同,等等。

《农业志》比较具体而集中地反映了公元前2世纪意大利中部农业生产的状况和奴隶制经济的特点,是研究古罗马共和制时期奴隶制庄园经济的重要资料。在《农业志》中,加图吸取了当时先进的农业经验,又系统地总结了自己多年来从事农业经营和管理的经验,整理和推广了先进的农业技术,对当时和后世的农业进步都起了积极的作用。

《农业志》不仅论及农业,还涉及古罗马人的建筑技术、手工业技术、医疗技术、宗教信仰、生活习俗等各个方面。特别是详细论及庄园的管理组织、阶级结构、剥削关系、奴隶主阶级的思想面貌与物质生活状况、奴隶阶级的处境与待遇等,为研究公元前2世纪的古罗马社会史提供了宝贵的资料。

公元前139—前115年
张骞出使西域

在中国古代,有一条世界著名的横贯欧亚大陆的贸易通道,它也是中国古代同南亚、欧洲、北非等地进行经济、文化交流的通道。这条在世界发展史上占有重要地位的通道,就是丝绸之路。而丝绸之路的开通,则始于汉武帝时张骞出使西域。

张骞Ⓨ

西汉初年,北方的游牧民族匈奴一直是西汉最大的威胁。他们不断地南下,掠夺人口、牲畜和财物,侵扰汉朝的北部边境,有一次甚至逼近了首都长安附近的甘泉宫。汉朝虽想进行军事反击,但由于汉初实力不够,而无法实现,因此,一直以和亲的方式羁縻匈奴。到了汉武帝(公元前140—前87年在位)的时候,汉朝进入全盛时期,国富兵强,汉武帝开始筹划征伐

丝绸之路上的汉代粮仓①

丝绸之路上的商旅图ⓦ

匈奴。

汉初,河西走廊西端曾经生活着一个名为大月氏的部族。后来,匈奴击败大月氏,迫使他们远走西方。公元前139年,为了打通西域通道,消除匈奴对汉王朝及其邻国的骚患,汉武帝派大臣张骞出使大月氏,拟约大月氏夹击匈奴。

张骞此行充满了危险。当时匈奴的势力已经延伸到西域,控制了天山一带和塔里木盆地的东北部以及河西走廊地区。河西走廊是通往大月氏的唯一通道,张骞等一行百余人刚一进入,就被匈奴骑兵截捕。张骞被捕后,曾被送至单于驻地软禁10年,单于软硬兼施,表面上优礼相待,还指派一名美女给张骞当妻子,暗地里则严加看管。但张骞始终不忘使命,他找到机会逃离匈奴,继续西行,终于到达了大月氏。可是西迁的大月氏征服了富饶的大夏以后,已不想再与匈奴交战了。

于是,张骞在大夏地区考察了一年多,起程回汉。归途中虽然改走天山南路,但还是不幸地再次被匈奴俘获,又被扣留了一年多。直到公元前126年,张骞等人才趁着匈奴内乱,逃了出来,回到长安。

张骞这次出使西域历时13年,身经匈奴、大宛、康居、大月氏、大夏、于阗等国。公元前119年,张骞再次受命出使西域,经乌孙等国,于公元前115年东归长安。张骞两次出使西域,时间长达十七八年,尽管张骞最初的外交使命未能完

61

成,但与西域诸国建立起了密切的联系,开辟了从长安经过今宁夏、甘肃、新疆,到达中亚、西亚的内陆大道,促进了中西各国在经济上和文化上的交往。

中国的丝绸就是经过这条道路传向西方的,当西方各国看到中国华丽的丝绸之后,莫不为之惊异和赞佩。他们称中国为"赛里斯"(Seres),即丝国。公元2世纪的希腊人把中国蚕丝称为"塞儿"(Ser),"赛里斯"即来自"赛儿"。古代的西方人把蚕丝产地及其人民称为 Serice 或 Sericus,把中西交通的道路称为"丝绸之路"(Road of the Seres),即今天所说的 Silk Road。这条丝绸之路延续了两千多年(唐中叶后曾一度中断),一直是横贯欧亚大陆的贸易通道,同时也是古代中西文化交流的通途。

行走在丝绸之路上的唐三彩骑驼乐舞俑Ⓦ

张骞是中国历史上第一位通往西域的使者,是丝绸之路的重要开辟者。作为中国走向世界的第一人,张骞记录下了对外部世界的首次真知实见,结束了我国古代对西方神话般的传闻认识,也成为后来《史记·大宛传》和《汉书·西域传》的最初来源,这是今人研究中亚和西域早期历史地理的重要文献资料,世人把张骞通西域一事形象地称为"凿空"。

丝绸之路开通以后,随着民族、地区和国家之间的经济文化交流,许多新的作物资源、畜禽品种和生产技术互相传播。汉武帝时先后从西域引入大宛马和乌孙马,用以改良秦河曲马;苜蓿、大蒜、胡荽、黄瓜、葡萄、胡桃、石榴、蚕豆等传入中国;从中国传至中亚以至欧洲的物产和技术有丝绸、钢铁、炼钢术和凿井技术等。由两汉而至隋唐,丝绸之路繁荣之盛达到顶峰。中国的纺织、制瓷、造纸、印刷、指南针、火药等物品和制作工艺技术,绘画、书法、音乐等艺术,儒家、道家等思想,通过此路传向西方,影响和促进了西方国家的发展进程;西方的雕塑、舞蹈、绘画、音乐、建筑等艺术,天文、历算、医药、地理等科技知识,佛教、伊斯兰教、摩尼教等宗教,通过此路传到中国,并在中国产生了很大影响。直至今日,丝绸之路仍是东西方交流的友好象征。

约公元前90年
赵过创制耧车

楼车又称楼犁，是中国在两千多年前发明的畜力条播器，它是继耕犁之后中国农具发展史上又一重大发明，也是世界上最早出现的独立的播种机，对提高播种的质量和促进农业生产起了重要作用。

据史书记载，楼车是汉武帝末年主管农业生产的搜粟都尉赵过发明的。汉武帝是一位雄才大略的皇帝，他在位时南征北战，国力因此而受到一定程度的亏损，晚年的汉武帝经常处在忏悔的状态中，想起了由于自己的"多欲"带给庶民的灾难，以致引起了多次民变。汉武帝决定重新审查过去多年的政策，变"多欲"为"无为"，改"劳民"为"富民"，施行了一系列富民政策。他提出"方今之务，在于力农"的口号，重点发展农业，并任命赵过为搜粟都尉，专管全国农业。赵过是一位农业专家，他上任以后，进行了多项农业技术革新，积极组织实施"代田法"，还发明了一系列与之配套的农具，楼车便是其中之一。楼车的三个楼脚可以一次性开出三条沟来，同时完成的还有播种和覆土等项作业，因此大大提高了耕作效率。汉武帝曾下令在全国推广这种先进的播种机。同时，赵过还总结群众实践经验，推行耦犁。耦犁指两牛合犋共拉一犁，是中国古代耕犁结构和牛耕技术上的一次重大革新。

楼车主要由楼斗、楼腿和楼架组成。楼斗用来盛种子，有一个带播种量调节板的出口，还附有一个防止种子阻塞的悬垂重物。楼斗下是三条中空的楼腿，下边装有铁制楼铧。其余部分便是由楼辕、楼柄以及安装楼斗的几根横木组成的楼架。播种前，先将调节板调至适当位置，控制好播种量。播种时，一面由牲畜驾楼辕前进，一面由扶楼人用手左右摇楼，种子便由楼斗进入楼腿，再经铁铧后方落入种沟。为防止种子与土壤接触不实，楼车后还拖拉一个用树枝编成的叫做挞的

汉牛耕图画像石邮票Ⓨ

农具，或在耧车后面用两根绳子拉一根横木，进行覆土、镇压。耧车设计巧妙，用它播种，第一能保证行距一致，播种深度一致，能使作物出苗整齐；第二能均匀播种，防止稀密不匀；第三开沟、下种、覆土等作业联合进行，不仅有利于保墒抗旱，而且在提高播种质量的同时，也可以大大提高播种效率。

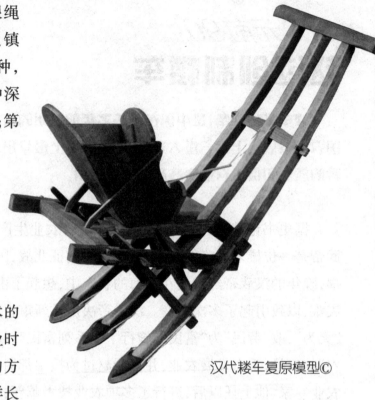

汉代耧车复原模型©

耧车的出现与播种技术的改进是分不开的。原始农业时期，人们采用点播和撒播的方式，将种子播种在地里，这样长出来的庄稼就像是满天的星斗。18世纪以前的欧洲仍然盛行这种播种方法，而中国，至迟在西周时代已实行条播了。《诗经》中有"禾役穟穟"诗句，"禾役"指禾苗的行列，"穟"通"遂"，是通达的意思。禾行通达，是为了通风和容易接受阳光。当时人们已经认识到分行栽培有利于作物的快速生长，因此在播种时要求做到横纵成行，以保证田间通风。当时对于行距和株距都有严格的规定。耧车的出现为条播提供了有利的工具，它能够保证行距、株距始终如一。

耧车的发明，是中国农具发展史上的一件大事。它和中国古代的犁一样，对世界有深远的影响。欧洲农学家普遍认为，欧洲在18世纪从亚洲引进了曲面犁壁、畜力播种和中耕的农具耧犁以后，改变了中世纪的二圃、三圃休闲地耕作制度，是近代欧洲农业革命的起点。

公元前36年

瓦罗著《论农业》

《论农业》是古罗马政治家、农学家瓦罗的一部重要作品,集中反映了古罗马奴隶制全盛时期的农业状况,是有关农业经营和技术的专著,为古罗马农书的代表作。

公元前1世纪,古罗马正处于共和向帝制转变之际,在地中海世界形成了历史上空前的大帝国。疆域的扩大,不但带来了源源不断的财富,同时也带来了东方和希腊先进的文化和科学技术,促使罗马的农业生产技术水平得到进一步提高,这些在《论农业》一书中有着充分的体现。

瓦罗是位学者型的人物,在拉丁作家中他是最勤奋、最渊博、最著名的人物之一。14世纪有名的人文主义者彼特拉克歌颂瓦罗为罗马第三位大人物,把他与西塞罗和维吉尔并列。瓦罗70岁时从政治舞台上隐退,于是以全部精力投身于著述,写出了《拉丁语论》、《海布多玛底》、《论农业》等著作。尤其《论农业》一书较为完整地保存下来,是一份极为珍贵的遗产。

《论农业》是公元前36年瓦罗在80高龄时所著,全书采用对话体,共分3卷。第一卷"农业",论述农业的目的、要素、农业科学分科、生产管理,从整地、播种、收割、脱粒一直论到加工、销售。其中还论述了一年的农事安排、主要作物的生长习性和栽培技术等。第二卷"家畜",论述家畜的起源及山羊、绵羊、猪、牛、驴、骡、狗的饲养技术及制奶酪、剪羊毛的技术。第三卷"小家畜",论述家禽（鸡、鸭、鹅）、兔及蜜蜂、鱼的饲养,还专门论述了孔雀、斑鸠、蜗牛、睡鼠等。

《论农业》是西方数部著名古典农业文献之一,比较忠实地记录了公元前1世纪意大利的经济生活状况,是研究当时意大利生产实践状况和奴隶制发展状况不可多得的一部好书。书中反映出当时的农业生产已经发展到了较高的水平,发达的古罗马传统农业奠定了古罗马文明和欧洲传统农业的基础。

相传罗马城的创建者曾受到一只母狼的哺育Ⓦ

公元前32—前7年
汜胜之著《汜胜之书》

> 《汜胜之书》是西汉晚期的一部重要农学著作,是中国最早的一部农书,也是世界上最古老的农学著作之一。

《汜胜之书》的作者汜胜之是中国古代杰出的农学家。但他的生卒年代、籍贯缺乏记载,《汉书》中也没有他的传。他的闻名后世,主要依靠其著作《汜胜之书》。我们仅能根据《汉书·艺文志》的班固注,知道他"汉成帝时为议郎"。

《汜胜之书》是汜胜之对西汉黄河流域的农业生产经验和操作技术的总结,原书约在北宋初期亡佚,现存的《汜胜之书》是后人从《齐民要术》等古书摘录原文辑集而成,约3500字。虽然只是残存的部分资料,但其内容十分丰富,反映出汉代农业科学技术已达到相当高的水平。主要内容包括耕作的基本原则、播种日期的选择、种子处理、个别作物的栽培、收获、留种和贮藏技术、区田法等。就现存文字来看,以对个别作物的栽培技术的记载较为详细,这些作物有禾、黍、麦、稻、稗、大豆、小豆、枲、麻、瓜、瓠、芋、桑等13种。它反映出当时人们已从复杂的农业生产中认识到每一种作物有它的生长发育的具体要求,必须区别对待,采取相应的技术措施,以求得稳产高产的效果。

区田法(即区种法)在该书中占有重要地位。区田法是一套抗旱高产的栽培技术,它的特点是,将农田作成若干宽幅或方形小区,在区内综合运用深耕细作、合理密植、施肥灌水、精细管理等项措施,以争取高额产量。"区"读作"欧",它的原意是向地平面以下洼陷进去,在这样作成的"区"中种植,有防止水分和营养物质损失的作用,并有利于集中使用人力与物力。区田法着重于提高劳动集约的程度,力求少种多收,其优点是抗旱高产,缺点则是费劳力太多。区田法中所包含的精耕细作的技术和少种多收的方向等合理因素被后来的农业生产所吸收、继承和发展,但它的具体方式却未能大规模推广。虽然有关区田法记载中亩产百石的高额丰产指标,两千年来,不断吸引着人们试图效仿它,但始终没有超出小面积试验的范围。

值得一提的是,《汜胜之书》中所记载的区种瓠法,即促进葫芦接大果实的嫁接方法,是中国使用嫁接技术的开端。此外,书中提到的溲种法、耕田法、种麦

百叔遗嘉種
芟荑姜懋功
春�二月入
香浸一涇中
種稑他時莫
籯飯此日同
南去軽又春
占候慱年豐
浸種

浸种图

法、种瓜法、种瓠法、穗选法、调节稻田水温法、桑苗截干法等,都不同程度地体现了它们的科学价值。其中所述溲种法,实际上就是在种子外面包上一层以蚕矢、羊矢为主要材料的粪壳,是一种古老的种子处理方法。从世界范围看,包衣种子的试验和推广是现代的事情,而中国早在两千年前就制作包衣种子,并为专书所记载。溲种法可以说是世界上最早的包衣种子制作法,虽然它还有不少需要改进之处,但在农业发展史上无疑是有重要意义的。

《氾胜之书》对促进中国农业生产的发展产生了深远影响,由此闻名于世。

67

约公元60年
科卢梅拉《论农业》成书

科卢梅拉是古罗马帝国后期杰出的农学家,他的《论农业》约成书于公元60年,是当时的一部重要农学著作,也是所有古罗马农业著作中最系统最全面的一部,在世界农学史和古代科技史上占有重要地位。

科卢梅拉是公元1世纪的罗马作家,其生平不为后人所知。他大约与老普林尼和辛尼加是同代人。科卢梅拉生于西班牙南部科地兹城,后来移居意大利,曾参加军队到过东方,一生大部分时间在意大利度过。科卢梅拉在拉丁姆地区和伊特鲁里亚有过一些农庄,他的一些农业实践活动可能就是在这些农庄进行的,由此积累了丰富的农业生产经验。

科卢梅拉的《论农业》共分为12章,对古罗马的大庄园农业进行了仔细的研究。前6章详细介绍作物种植,后4章介绍家庭饲养,最后2章论述了管家的职责。书中既有理论问题的探讨,又有具体农业知识的汇集,不仅叙述了农牧业生产技术和管理方面的经验,而且还就如何改善和提高农业生产等问题提出了自己的独特见解,对后世尤其是中世纪庄园管理影响重大。

科卢梅拉是精耕农业的拥护者,提倡因地制宜发展农业。作为一位经验丰富的农庄主,科卢梅拉在书中描述了公元1世纪意大利农业衰落的现象和原因,论述了农业的重要性,认为农业是一门需要精心研究的专门学问,要热心研究过去的耕作方法并使之适合当代农业。

罗马神话中主管农业和丰收的谷物女神Ⓦ

公元227—239年
马钧改进翻车和旧式绫机

马钧,中国三国时期曹魏人,是中国古代科技史上最负盛名的机械发明家之一,在机械设计制造上有多方面的成就,被时人誉为"天下之名巧"。

马钧从小口吃,不善言谈。但是他很喜欢思索,善于动脑,同时注重实践,勤于动手,尤其喜欢钻研机械方面的问题。马钧早年生活比较贫困,长期住在乡间,比较关心生产工具的改革,并且作出了突出贡献。马钧在农业机械方面,以改进翻车(即龙骨水车)最为著名。翻车是一种灌溉机械,最早由东汉灵帝时的毕岚发明。魏明帝(公元227—239年在位)时,马钧对翻车进行了改进,使之效率提高了很多。翻车由手柄、曲轴、齿轮链板等部件组成。最先以人力为动力,后扩展到利用畜力、水力和风力。翻车制作简便,车身用三块板拼成矩形长槽,槽两端各架一链轮,以龙骨叶板作链条,穿过长槽;车身斜置在水边,下链轮和长槽的一部分浸入水中,在岸上的链轮为主动轮;主动轮的轴较长,两端各带拐木

脚踏翻车ⓒ

龙骨水车Ⓑ

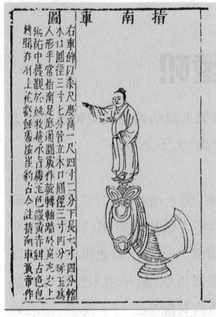

明代《三才图会》中的指南车图Ⓦ

四根;人靠在架上,踏动拐木,驱动上链轮,叶板沿槽刮水上升,到槽端将水排出,再沿长槽上方返回水中。如此循环,连续把水送到岸上,功效大大提高,操作搬运方便,还可及时转移取水点,所以很快流传民间,促进了农业生产的发展。中国古代链传动的最早应用就是在翻车上,是农业灌溉机械的一项重大改进。翻车后来一直被中国乡村历代所沿用,在实现电动机械提水以前,它一直发挥着巨大的作用。

马钧改造旧式绫机的成就也很突出。为了织出复杂、精美的花纹图案,曹魏时的旧式绫机仍然是50根经线的绫机50蹑(脚踏操纵板),60根经线的绫机60蹑,非常笨拙。马钧看到工人在这种绫机上操作,累得满身流汗,生产效率很低,就下决心改良这种绫机,以减轻工人的劳动强度。于是,他深入到生产过程中,对旧式绫机进行了认真研究,重新设计了一种新式绫机,把绫机一律改为12蹑。经过这样的改进,新式绫机不仅更精致,更简单适用,而且生产效率也比原来的提高了四五倍,织出的提花绫锦,花纹图案奇特,花型变化多端,受到了广大丝织工人的欢迎。旧式绫机的改造,是中国古代纺织工具的一项重大改革。

据记载,马钧还研究制造出指南车,改进了诸葛亮的连弩,改进了攻城用的发石车。他制造的"水转百戏"以水为动力,以机械木轮为传动装置,使木偶可以自动表演,构思十分巧妙。

指南车模型Ⓒ

公元304年
《南方草木状》成书

　　成书于公元304年的《南方草木状》是中国最早的地方植物志，也是世界上现存最早的植物学文献之一，其作者是西晋文学家和植物学家嵇含。

　　嵇含出身书香门第，是西晋竹林七贤之一嵇康的侄孙，曾任征西参军、骠骑记室督、尚书郎等职。关于嵇含还有一个有趣的故事：据说时任弘农官职的驸马王粹新建了豪华的宅舍，并在客厅中堂上悬挂了庄周的画像。有一天，王粹大摆宴席请客吃饭，席间他请嵇含作一赞文。嵇含欣然从命，展纸奋笔，一挥而就。其意为：这么华丽的房子，却挂上清贫的庄子像，无为的老庄所托非人，是应该吊而不可赞的。众人见此都忍俊不禁，王粹也很羞愧，就命人取下庄周的画像。由此事可看出，嵇含性情刚烈，恃才傲物，不善权变。

　　据说嵇含在军旅中每到一处就悉心谘访当地风土习俗，将别人讲述的岭南一带的奇花异草、巨木修竹笔记下来，加以整理和编辑，撰成《南方草木状》一书。该书所记植物名称，多数至今仍在沿用。《南方草木状》介绍了中国热带、亚热带地区的植物，每种植物的记载，详略不一，各有侧重。其中上卷草类29种，中卷木类28种、下卷果类17种、竹类6种，共计80种，并第一次把竹类从草类中分出，自成一类。书中描述了植物的形态特征、生活环境、用途、产地等。书中所记在水浮苇筏上种蕹菜（空心菜）的方法，是世界上有关水面栽培（无土栽培）蔬

使君子　《南方草木状》是中国最早记载这种药用植物的著作，当时称之为留求子。◎

菜的最早记载;所记南方橘园利用黄猄蚁防治柑橘害虫,是世界上利用生物界相互制约的现象防治农业害虫的最早先例。

书中记载南方人用芦苇编成筏,筏上作小孔,浮在水面上,把蔬菜种子种在小孔中,就如同浮萍漂浮在水面上,种子发芽后,茎叶便从芦苇的孔中长出来,随水上下。这种浮田,用芦苇或相近似的材料编成筏,浮于水上,其上面没有泥土覆盖,主要用于种植水生植物,如蕹菜等。这种用浮田种植蕹菜的方式,几个世纪以来,主要流行于广东和福建等地,直到今天,广东广州地区仍实行在筏上种植水蕹。

《南方草木状》记载:"交趾人以席囊贮蚁鬻于市者,其窠如薄絮囊,皆连枝叶,蚁在其中,并窠而卖。蚁赤黄色,大于常蚁。南方柑树,若无此蚁,则其实皆为群蠹所伤,无复一完者矣。"这种方法,大概是中国南方少数民族所创始,且在岭南柑橘生产中一直采用。唐末的《岭表录异》、清初的《广东新语·虫语》等书皆有类似记载,目前仍在闽、粤等省橘园中应用。这是中国也是世界上应用生物防治的创举。

《南方草木状》是世界上最早的区系植物志,比西方同类著述早了一千多年。因此,我们说嵇含是世界上第一位植物学家,他是当之无愧的。

槟榔　《南方草木状》是中国最早详细记载槟榔的形态及其用法的著作。①

公元533—544年
贾思勰著《齐民要术》

《齐民要术》是中国最早最完整的综合性农业百科全书,也是世界上最早最有价值的农业科学名著,系统总结了公元6世纪及以前中国黄河流域中下游地区的农学知识和农业生产技术,对后世有深远影响,在中国和世界农业科学技术发展史的研究上都占有重要的地位,目前已成为国际上研究中国农业发展最重要的文献之一。

编写这部巨著的是北魏时期著名的农学家贾思勰。但史书里没有他的传,一般推测他是山东益都(今山东省寿光市)人,曾任高阳郡(今山东省淄博市)太守。从书中的内容判断,除山东外,他到过山西、河南、河北等省,还从事过农业、畜牧业的生产实践,具有广博的农学知识。他一生致力于农业研究,根据收集的大量文献资料和自己的经验所得,于公元533—544年写成了《齐民要术》一书。

贾思勰是中国和全世界古代杰出的农业科学家之一,博学多才,具有实事求是的精神和观察分析的能力。关于《齐民要术》的写作方法,他在该书的自序中说:"采捃经传,爰及歌谣,询之老成,验之行事。"所谓"采捃经传",就是汇集历史文献中有关农业技术的记载。《齐民要术》共引用前人著作一百五十多种,所引文献均注明出处,许多有价值的或后来散佚的农史资料,就靠《齐民要术》保存了下来。所谓"爰及歌谣",就是搜集劳动人民口头流传的生产经验,这种经验的集中表现形式就是言简意赅、生动活泼的农谚。所谓"询之老成",就是请教有实践经验的老农或知识分子。所谓"验之行事",就是以自己的实践来验证前人的经验和结论。书中总结了前代和当代劳动人民所创造和贾思勰本人观察体验到的丰富的农业生产技术经验,不少在今天仍值得珍视和借鉴。

贾思勰 Ⓨ

东汉弋射收获画像砖Ⓨ

《齐民要术》由序、杂说和正文三大部分组成,共约11万字。其中的"序"广泛摘引圣君贤相、有识之士等注重农业的事例,以及由于注重农业而取得的显著成效。正文共92篇,分10卷。全书内容相当丰富,涉及面极广,包括农艺、园艺、畜牧、渔业及农副产品制造加工等项,总结了汉至北魏时期黄河中下游一带的农业生产经验,反映了北魏时期的农业经济和农村生活,标志着以耕、耙、耱为核心的北方旱地精耕细作技术体系的成熟。在这以后的一千多年,中国北方旱地农业技术的发展,基本上没有超越《齐民要术》所指出的方向和范围。

北魏时期是战乱动荡的年代,贾思勰认真严谨地写出《齐民要求》这部农书,是希望国家能够重视农业,并且改善农民的生活。贾思勰建立了一套较为完整的农学体系,为中国后来的许多农学著作开辟了可以遵循的模式,并且对各项具体的农业科学技术作了全面的总结,具有很高的文献资料价值和学术研究价值。后世的许多农学著作,例如元代的《农桑辑要》、王祯《农书》,明

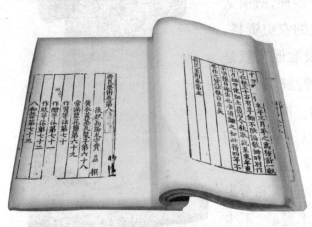

《齐民要术》Ⓑ

代的《农政全书》，清代的《授时通考》，都参照了《齐民要术》的体系，以《齐民要术》的材料为参考材料。贾思勰所介绍的先进的农业生产技术，不仅对当时的农业生产具有切实的指导作用，而且对后世的农业生产的作用也很大。一些先进的措施及原则，甚至今天仍然被采用。

《齐民要术》的科学价值很高，其中的许多记载比世界上其他先进地区的相同的农业经验要早三四百年，甚至一千多年。《齐民要术》对世界农业也有一定影响。日本宽平年间（公元889—897年）藤原佐世编的《日本国见在书目》中已有《齐民要术》，说明该书在唐代已传入日本，当时《齐民要术》还没有刻本，传去的只能是手抄本，今已不存。现存最早的刻本——北宋天圣年间（1023—1031年）皇家藏书处的崇文院本，就是在日本京都以收藏古籍著称的高山寺发现的，此本仅存第五、第八两卷，上面多处盖有"高山寺"的印记。这个高山寺本是"宋本中之冠"，被日本当作"国宝"，珍藏在京都博物馆中。

在中世纪的很长时期内，欧洲的农书几乎绝迹，而《齐民要术》则填补了世界农业史中这一时期农书的空白。至迟19世纪末，《齐民要术》传到欧洲，英国博物学家达尔文在其名著《物种起源》与《动物和植物在家养下的变异》中援引有关事例作为他的著名学说——进化论的佐证。他在《物种起源》中谈到人工选择时说："在一部古代的中国百科全书中，已有关于选择原理的明确记述。"这部"百科全书"，可能就是指《齐民要术》。

东汉酿酒画像砖 《齐民要术》全面总结了制曲和酿酒技术，是中国历史上最系统、最丰富、最完整地论述中国古代酿酒技术的一部著作。Ⓨ

公元552年
中国蚕种传入罗马

养蚕缫丝、利用蚕丝织绸制衣,是中国古代最伟大的发明之一。蚕丝的利用,丰富了人类的物质生活,谱写了人类文明史上绚丽多彩的华章。中国养蚕织丝技术的向外传播,对世界各国人民的生活产生过重要影响,作出过积极贡献。

不同品种的家蚕Ⓦ

中国养蚕缫丝至少已有5000年的历史,中国的丝绸,早在公元前6世纪就传到了欧洲;公元前5世纪后半叶,中国产的蚕丝已见于波斯(今伊朗)市场。公元前2世纪张骞出使西域后开通的丝绸之路,就是一条以丝绸贸易为代表的中西文化交流之路,当时长安(今西安)是丝绸的集散地,向西经过河西走廊通往西亚到达地中海以至欧洲。

公元前11世纪,中国的蚕种和养蚕技术向东传至朝鲜。据史书记载,周武王封箕子于朝鲜时,就"教其民田蚕织作"。中国蚕织技术东传日本,主要有两次。一次是应神天皇十四年(公元283年)秦始皇十四代孙弓月王率120县之民移居日本时,天皇赐地,令其蚕织;第二次是应神天皇三十七年(公元306年),日本派

日本江户时代描绘丝绸样品簿的画作Ⓦ

正在织布的日本妇女Ⓦ

人来中国请去了机织缝纫的技工"汉织"、"吴织"、"兄媛"、"弟媛"。弓月王所率移民及从中国聘请到日本的机织缝纫的技工,大大促进了日本蚕织技术的发展,日本人民至今还在纪念他们。

公元4世纪以后,中国养蚕技术开始向南传入印度、越南、缅甸、泰国等地。波斯在公元5世纪时学会了养蚕织丝技术。公元

469年，南朝宋派4名丝织和裁缝女工到日本传授技艺，日本开始出现吴服（今和服），对日本丝织工业的发展起到了促进作用。

中国丝绸西传之初，被西方人视为最上等的衣料，极受追捧，其价贵比黄金。据说公元前1世纪的某一天，罗马皇帝恺撒穿着丝绸袍服到戏院看戏，引起了全场轰动，个个羡慕至极，被认为是绝代的豪华。此后人们竞相仿效，罗马城里的男女贵族无不以穿上丝绸

购买蚕茧的商人（约1895年）Ⓦ

为荣。据古罗马作家老普林尼称，罗马帝国为购买丝绸、珍珠等奢侈品，每年的支出约占当时罗马帝国每年商品进口总额的一半。巨大的财政压力，迫使当权者想要尽快掌握养蚕缫丝的方法。

公元552年，东罗马帝国皇帝查士丁尼通过僧侣将蚕种由中国引入东罗马帝国的首都君士坦丁堡。从此，东罗马人掌握了蚕丝生产技术，君士坦丁堡也出现了庞大的皇家丝织工场，独占了东罗马的丝绸制造和贸易，并垄断了欧洲的蚕丝生产和纺织技术。直到12世纪中叶，十字军第二次东征后，意大利才通过掳劫而来的丝织工人开始了丝绸的生产。13世纪以后，养蚕织丝技术陆续传至西班牙、法国、英国、德国等西欧国家，丝绸生产在欧洲广泛传播开来。

16世纪以后，随着新航路的开辟，中国的养蚕织丝技术传遍美洲各国。至此，中国丝绸名闻四海，传遍五洲。

宋《捣练图》局部Ⓦ

公元753年
中国豆腐制作法传入日本

豆腐是中国古代一项重要的发明，已有两千多年的历史，现今不但是东方的佳肴，而且饮誉世界。

中国先民在漫长的探索过程中，发明了将大豆加工成豆腐的方法，这是影响深远的创举。相传豆腐是西汉的淮南王刘安发明的。刘安常在淮南八公山聚集一帮方士门客炼丹，据说一次用黄豆浆汁与卤水共煮时，偶然发现凝固成块，食用香嫩可口，大家十分欣喜，于是取名为豆腐。1959—1960年，考古工作者在河南密县打虎亭发掘了两座汉墓，该墓为东汉晚期遗址（约公元2世纪），其墓中画像石和壁画上有生产豆腐的场面，这是目前发现的世界上最早的有关豆腐的记载，说明豆腐至迟在汉代已经被创制。豆腐的发明，是

豆腐是老少皆宜的家常美食⒴

大豆利用中的一次革命性的变革，是古代中国人对食品的一大贡献。

豆腐的营养十分丰富，它脂肪含量低，不含胆固醇，富含蛋白质及钙、磷等多种微量元素，素有"植物肉"的美誉，又因为源于中国，因此被称为"中国豆腐"。根据现代营养学家的分析，豆腐之所以具有较高的营养价值，是因其用作原料的大豆含有34%—40%的水溶性蛋白和15%—20%的油脂，并且蛋白质成分完整，为人体所必需的7种氨基酸都有，这是任何植物性食物所难以比拟的。神奇的是，大豆被制成豆腐后，其吸收率从50%骤增至92%—96%，这是由于黄豆的细胞有一层结实的细胞膜，这层膜影响着人体对营养的消化与吸收。所以，豆腐还对胃病、高血压、动脉硬化、糖尿病等有疗效。

由于豆腐味美可口、营养丰富、物美价廉，历来被当作家

刘安⒴

常好菜,老少皆宜,人人喜欢,在民间享有"寻常豆腐皇家菜"之誉。宋人苏东坡写有"煮豆为乳脂为酥"的诗句,道出了豆腐的制作及其营养价值。元代孙大雅写有"烹煎适我口,不畏老齿催"的诗句,道出了豆腐的多种吃法和没有牙齿也可吃的愉悦心情。民间还流传着许多关于豆腐的谚语和俗话。例如,小葱拌豆腐——一清二白,张飞卖豆腐——人强货软,豆腐掉进灰堆里——不能吹也不能打等。

日本的 Ganmodoki
(一种油炸的豆腐)

豆腐不但在中国得到很大的发展,还随着民间交流逐步流布海外。最先传入豆腐的是东邻日本。据史书记载,唐代鉴真和尚在公元753年东渡日本宣扬佛法时,也带去了豆腐制作技术和制糖、制酱技术。因此日本人把鉴真奉为豆腐业的始祖,并称豆腐为"唐符"和"唐布"。据《李朝实录》记载,中国豆腐在宋代末年传入朝鲜。当地人所喜食的"馒头汤",类似中国的饺子,是用豆腐等作馅捏成的,再用汤煮,味道鲜美。

1873年,在奥地利首都维也纳举办的万国博览会上,中国大豆及豆腐等豆制品受到各国人士的交口称赞。此后,豆腐、豆乳酱、豆芽菜等豆制品,也传到了英国、葡萄牙、意大利、美国等西方国家,被称为"20世纪全世界之大工艺",古老的中国豆制品成了世界性食品。

鉴真东渡

公元760年
陆羽著《茶经》

"开门七件事,柴米油盐酱醋茶"。茶是中国人日常生活中不可缺少的必需品,也是世界三大饮料(茶、咖啡、可可)之一。说到茶,不能不说到陆羽及其《茶经》。宋代诗人梅尧臣曾赞道:"自从陆羽生人间,人间相学事新茶"。

茶Ⓦ

陆羽生于唐玄宗开元年间(公元733年),复州竟陵(今湖北省天门市)人。陆羽是个弃儿,自幼被龙盖寺的智积禅师收养在寺院中。智积禅师喜爱饮茶,耳濡目染,陆羽从小就跟着师父练得了一手好茶艺,据说后来智积禅师只喝陆羽烹煮的茶汤。

传说陆羽因为不愿皈依佛门,在十多岁时离开了龙盖寺,而智积便从此断茶,再也不喝茶了。过了许久,这件事慢慢传到了唐代宗的耳朵里,他大感兴趣,于是把智积请去,赐以宫中御用茶匠所制的上好茶汤,而智积只啜了一小口便放下不饮。代宗又秘密找来陆羽,悄悄命他烹煮茶汤再令人送给禅师品尝。这一次,智积终于一饮而尽,然后流着泪叹道:"这真像是陆羽煮的茶啊!"代宗深受感动,终于让阔别多年的师徒重新见了面。

陆羽虽然一生坎坷,但自幼好学用功,学问渊博,且为人清高,淡泊功名,虽然曾被诏拜为太子文学,后来又拜为太常寺太祝,但都未就职,始终与茶相守,过着闲云野鹤的自由生活。公元760年,为避安史之乱,陆羽隐居浙江苕溪(今湖州),他认真总结、悉心研究了前人和自

陆羽Ⓦ

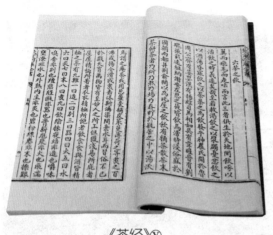

《茶经》Ⓨ

已通过调查实践得来的茶叶生产经验,完成了创始之作《茶经》。《茶经》一问世便引起轰动,陆羽也因此而被尊为"茶神"、"茶圣"、"茶仙"。

《茶经》是世界上现存最早的关于茶的专著,分3卷10节,约7000字。对中国唐代及唐代以前茶叶的历史、产地、功效、栽培、采制、煎煮、饮用的知识技术都作了阐述,是一部关于茶叶生产的历史、源流、现状、生产技术以及饮茶技艺、茶道原理的综合性论著。

《茶经》系统地总结了当时的茶叶采制和饮用经验,传播了茶业科学知识,促进了茶叶生产的发展,开中国茶道的先河,推动了中国茶文化的发展。它已被很多国家所翻译,并广泛流传。所以,它不仅在国内,而且在世界茶文化史上均产生了很大的影响。这是陆羽对世界人民作出的不朽的贡献。

《茶经》的出现并不是偶然的。中国是茶的原产地,是茶的故乡。中国人不仅在世界上最先发现了茶的功效,也最早发明了茶叶加工技术和最早把茶树驯化培育为一种重要的栽培作物。有关古籍表明,四川巴蜀一带是最早的

喝茶时可以适当加些牛奶一起饮用Ⓦ

用不同的茶叶泡的茶颜色各不相同Ⓦ

在美国举办的一次茶会(1875年)⑩

茶叶产区。这里在周代时已将茶叶作为贡品,在汉代已出现了茶叶买卖市场。从唐代开始,西北边疆地区的少数民族,纷纷驱赶马匹,来到中原地区换取茶叶,开展茶马互市。与此同时,中国的种茶和制茶技术,也开始漂洋过海,传到了日本和朝鲜。到了明清两代,茶叶则开始传到欧洲乃至世界各地,成为风靡全球的三大饮料之一。

茶园⑩

公元805年

中国茶籽传入日本

中国是茶的原产地，也是世界上制茶、饮茶最早的国家和茶文化的发祥地。据唐代陆羽所著《茶经》推论，中国发现茶树和利用茶叶迄今已有4700多年的历史。目前，世界上50多个国家和地区最初饮用的茶叶、引种的茶树、饮茶的方式及茶事礼俗等，都是直接或间接来自中国。

中国的茶与茶文化，对日本的影响最为深刻。日本是中国茶传入最早的国家之一。古代日本没有原生茶树，也没有喝茶的习惯，饮茶的习惯和茶文化都是从中国传去的。

公元804年，日本的最澄和尚赴中国浙江天台山国清寺学习天台宗，师从曾经担任过"茶头"（为佛龛献茶的差事）的行满，受其影响酷爱饮茶。公元805年返回日本后，他不仅开创了日本佛教中的天台宗，而且在京

日本19世纪时的一幅神农画像　在中国的神话传说中，神农是发明饮茶方法的始祖。Ⓦ

以茶会友Ⓦ

描绘日本茶室的画作Ⓦ   日本茶室内景Ⓦ

都比睿山麓的日吉神社种植上了从中国天台山带回的茶籽,从而结束了日本无茶树的历史。今天,在日本日吉神社的茶园旁还竖立着"日吉茶园"之碑,碑文载明此为"日本最古之茶园"。

日本的空海和尚于公元804年与最澄同船入唐学佛,他于公元806年回国时,除带回大量佛经外,还带回茶种,撒播于近江国台麓山(今滋贺),并把中国制茶工具"石臼"带回日本仿制,将制茶的蒸、捣、焙、烘等技术也传到了日本。

永忠和尚作为日本遣唐僧来到中国,在中国生活了30年,他返回日本后,将带回的茶树种子种植在比睿山麓的坂本。806年6月,永忠上书朝廷,请求斋日必饮茶,认为这样才是大唐风俗。815年4月,永忠亲自按唐代茶道为嵯峨天皇献茶,引起了天皇对茶的浓厚兴趣。两个月后,天皇下令在近江、畿内、丹波、播磨等地植茶,以备每年进贡。从此,日本出现了贡茶,茶道作为一种文化被宫廷接受。

1168年和1187年,日本的荣西禅师两次入宋学佛,在中国居住了24年,不仅通晓一般中国茶道茶艺,更得悟禅宗茶道之理。他回国后不仅传播了中国的禅学,成为日本临济宗的创始人,而且带回了茶种及种植技术,全面传播了在中国学到的茶艺及天台禅宗茶学思想,使仅限于贵族阶层的饮茶文化逐渐向民间普及。荣西所著《吃茶养生记》是日本第一本茶文化专著,在日本广为流传,奠定了日本茶道的基础,荣西也被尊为日本的"茶祖"。

日本的茶道可以说是中国唐宋茶文化与日本传统文化相结合,根据日本民族特点加以改造发展而成的。

公元879—880年

陆龟蒙著《耒耜经》

唐代农学家、文学家陆龟蒙所著《耒耜经》(公元 879—880 年),是中国现存最早的农具类农书,全篇仅六百多字,记述了唐代末期江南地区的农具,如曲辕犁、耙、砺䃺和碌碡。

陆龟蒙是苏州长洲人。因为唐末政治浊乱,陆龟蒙不愿做官,隐居在甫里经营农业,人称“甫里先生”。他对当地的农业较熟悉,曾写了好几篇反映这时农业生产的诗文。作为当时文学名流的陆龟蒙,愿将一般文人看不起的农具写成专著,充分体现了作者的农本思想。陆龟蒙在《耒耜经》序文中明确地交待了自己的写作动机。他认为,人类开始农耕以来,无论统治者还是老百姓,都离不开农具,他甚至说,如果一个人饱食终日,而不了解农具和农艺,岂不与禽兽一样了吗?他主张上层人士应该向农民学习,应该仿效古圣人那样参加农业劳动,为了

碌碡Ⓨ

让更多的人都了解农具并不遗忘,所以写了这部《耒耜经》。

《耒耜经》十分详细地记载了唐代的重要农具——曲辕犁。犁作为重要的耕垦农具,早在春秋时期已有它的雏形。汉武帝时,搜粟都尉赵过曾组织一批能工巧匠,对犁作过较大改进。到了唐代,出现了比前代耕犁有很大改进的曲辕犁。据《耒耜经》记载,曲辕犁由铁制的犁铧、犁壁和木制的犁底、压镵、策额、犁箭、犁辕、犁评、犁建、犁梢、犁盘等11个部件组成。犁铧用以起土;犁壁用于翻土;犁底和压镵用以固定犁头;策额保护犁壁;犁箭和犁评用以调节耕地深浅;犁梢控制宽窄;犁辕短而弯曲;犁盘可以转动。因为这种耕犁的辕是弯曲的,所以后世称之为"曲辕犁";又因文末有"江东之田器尽于是",所以又称之为"江东犁"。整个犁具有结构合理、使用轻便、回转灵活等特点,各部件的形状、尺寸等也有详细记述,十分便于仿制流传。

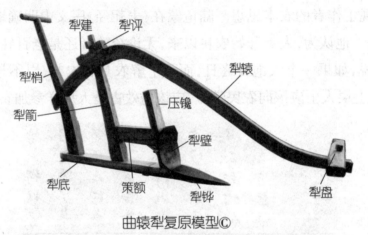

曲辕犁复原模型©

从《耒耜经》看,这种犁在唐代江南地区使用已相当普遍。不过它的意义远远超出水田耕作的范围,其基本结构和原理同样适用于北方旱作区。元代王祯在其所著《农书》中叙述耕犁时转录了《耒耜经》中有关曲辕犁的全部文字,并指出当时对这种犁的局部改进,这表明宋元时代曲辕犁已成为全国通用的最有代表性的耕犁了。从明清时代有关记载和图像看,当时的耕犁基本上仍采用唐代曲辕犁的形制。由此可见,唐代曲辕犁的出现,标志着中国传统犁已发展到成熟阶段,在技术上领先欧洲一千多年。

唐代长江下游最早出现的曲辕犁,是中国农具史上的一个里程碑,标志着传统的中国犁已基本定型。曲辕犁在华南推广以后,逐渐传播到东南亚种稻的各国。17世纪时荷兰人在印度尼西亚的爪哇等地看到当时移居印尼的中国农民使用这种犁,很快将其引入荷兰,以后对欧洲近代犁的改进有重要影响。

1012年
中国推广越南占城稻

占城稻的引进和推广是中国水稻生产中的一件大事。它种植广泛，影响巨大，改变了中国传统的水稻品种结构。

占城稻又称早禾或占禾，属于早籼稻，因原产占城（今越南中南部），故名占城稻。占城稻何时传入中国无明确史料记载，只知北宋初年我国福建已经种植。1012年，由于当时江浙一带发生旱灾，水稻失收，因此宋真宗遣使到福建，取占城稻种3万斛（根据宋制，斛即石也，一斛相当于60千克，3万斛稻种也即相当于现在的180万千克），分给江淮两浙地区播种，获得成功。从此，占城稻从福建推广到了长江流域。根据古书记载，占城稻有很多优点，以耐旱、生长期短、适应性强著称，因此，占城稻在长江流域发展很快，对当地的水稻生产发生了很大影响。南宋时期，占城稻遍布各地，成为早籼稻的主要品种，也成了广大农民常年食用的主要粮食。由于占城稻有许多优良特性，所以有的地区如江西，在水稻品种布局上，占城稻已占绝对优势。

在占城稻的传播过程中，人们又选育出许多适合当地特点的新品种，这些品种同原来当地的早、中、晚稻相搭配，为当地粮食增产、品种布局的进一步合理化及南宋时期长江流域的稻麦两熟农作制的发展，创造了条件。

值得一提的是，宋以后不再听说占城稻之名，明屈大均解释说"其种因闽人得于占城，故名占，亦曰籼；籼音仙，早熟而鲜明，故谓之籼"。宋时的"占城稻"，并入了我国古来就有的早稻序列。占城稻这个外来的地方品种，在中国南方彻底本土化了。

插秧图Ⓨ

1127—1162年
中国南方形成水田耕作体系

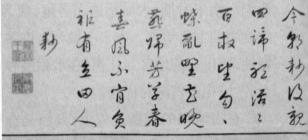

　　早在汉代，中国南方部分地区已出现育秧移栽、双季稻连作等先进技术，西晋时岭南又出现了水田耖耙，反映了水田整地技术的提高。不过当时南方总的来说仍是地广人稀，许多地方实行粗放的"火耕水耨"。东汉末年以后，北方人口不断南移，促进了南方的大规模开发，并带来了北方先进的农具与技术。火耕水耨便渐渐被精耕细作所代替。

　　唐代发生的安史之乱，使长期发展起来的黄河流域的农业生产受到严重破坏，接踵而来的藩镇割据和五代十国的纷扰局面，更促使黄河流域经济一蹶不振。与此相反，江南地区没有直接受到安史之乱的破坏，农业生产继续稳定发

耕田图Ⓨ

耘田图Ⓨ

秧田再吉日
茅茨已青葱
要把寿秦穗
和根逗孙湖
争携去雅芒
伎插佰阡叱
自得筹朱樂
辛苦扰不去
拔秧
拔秧图

展。随着经济重心的南移,南方的稻米逐渐占据了粮食作物的首位,曲辕犁及其他与稻作有关的水田农具相继出现,初步形成了较完整的水田耕作农具体系。

进入宋代以后,我国的经济重心已完全由北方转向江南。由于北方时有战争,局势不稳,兵役繁重,大批北人背井离乡,流落南方。南北人口之比出现显著变化,影响农业生产形成南北新格局。人口的迅速增加,使长江流域的耕地日感不足,迫使人们努力开发水土资源。长江流域是一个多山、多水的地区,因此,人们只好与山争地,与水争田。与山争地,促进了梯田的发展,与水争田,促进了圩

田、架田的利用,土地利用方式有了长足进步,中小型农田水利大量修建。

除了扩大耕地,解决耕地不足的另一条途径是进行精耕细作,提高单位面积产量。在水田农具和耕作技术发展的基础上,南方水田耕作形成了耕、耙、耖、耘、耥相结合的体系。

唐宋以后,稻作生产中普遍采用了移栽技术,与之相适应的育秧、拔秧、插秧技术也逐步形成。宋代,在西晋时出现在岭南地区的耖传到了长江流域。由于水稻是在水中生长,水层的深浅对水稻的生长会产生很大的影响,于是要求田面平整,只有这样才能保持水层深浅一致。耖就是用于平整田面的一种水田特有的农具。耖由于有较长的齿,不但可以破碎土块,而且能使泥浆混和软熟,尤其适应水田插秧的需要。还出现了秧马、秧船等与水稻移栽有关的农具,标志着水田整地农具的完善。此外,适应水田排灌的龙骨车有很大发展。在此基础上,宋高宗时期(1127—1162年),逐渐形成了适合南方水田环境的耕、耙、耖、耘、耥相结合的水田耕作技术体系,并带动了育秧、施肥、选种等许多技术环节的进步。

梯田

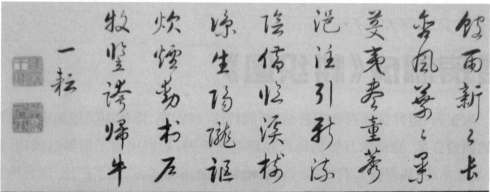

耘田图

1149年成书的陈旉《农书》，是第一部系统地记载和总结南方水田经营的农书，它的出现标志着中国南方水田精耕细作技术体系已经成熟。

1132—1134年

楼璹制成《耕织图》

被誉为"世界首部农业科普画册"的楼璹《耕织图》堪称中国绘画史上流传最广的科普作品,从南宋开始为历代执政者所重视,后世出现了很多以楼璹《耕织图》为蓝本的《耕织图》,有绘本、石刻、木刻等艺术形式,产生了广泛、深远的社会影响。

男耕女织Ⓨ

耕织图,在宋仁宗宝元年间(1038—1040年)已在宋宫廷中出现,当时已将农家耕织情况,绘于延春阁壁上。宋高宗也曾经说及此事:"朕见令禁中养蚕,庶使知稼穑艰难。祖宗时,于延春阁两壁,画农家养蚕织绢甚详。"后来,这种耕织图由宫廷发展到民间,成为一种介绍和传播农业生产技术的方法。

在耕织图中,以楼璹编绘的耕织图最为有名。楼璹是南宋时浙江鄞县人,在任浙江于潜县令时,深感农夫、蚕妇之辛苦,遂于1132—1134年编制了一套《耕织图》。其目的不仅是为了宣传农耕纺织技术,也是为了引起社会对农业的重视,规劝社会各阶层体谅农民的艰辛,尊重农民的劳动。

《耕织图》包括耕图21幅,内容有浸种、耕、耙耨、耖、碌碡、布秧、淤荫、拔秧、插秧、一耘、二耘、三耘、灌溉、收割、登场、持穗、簸扬、砻、舂碓、籭、入仓等;织图

缫丝图Ⓦ

24幅,内容有浴蚕、下蚕、喂蚕、一眠、二眠、三眠、分箔、采桑、大起、捉绩、上簇、炙箔、下簇、择茧、窖茧、缫丝、蚕蛾、祝谢、络丝、经、纬、织、攀花、剪帛等;每图皆配以一首五言律诗。《耕织图》描绘细致入微又富有艺术感染力,有赖于楼璹对农业生产的长期观察体验和高超的艺术造诣。由于《耕织图》系统

康熙微服私访Ⓨ

而又具体地描绘了当时农耕和蚕桑生产的各个环节,成为后人研究我国传统农业生产技术最珍贵的形象资料,其本身也成为极其珍贵的艺术瑰宝。

　　楼璹《耕织图》得到了历代帝王的推崇和嘉许,掀起了历代《耕织图》描摹热潮,成为中国古代宫廷绘画的特定题材。当时宋朝官府遣使持《耕织图》巡行各郡邑,以推广耕织技术。清代康熙皇帝曾命宫廷画家焦秉贞仿照楼璹《耕织图》摹绘,由朱圭、梅裕凤刻木版画集,康熙不仅每图亲题七言律诗一首,并且亲书序文。故焦氏所作《耕织图》被命名为《御制耕织图》。清代雍正皇帝曾命画师参照焦氏《御制耕织图》绘制《耕织图》,所不同的是图中主要人物如农夫、蚕妇等均为胤禛及其福晋等人的肖像,故称雍正像《耕织图》,该图绘于胤禛登基前的康熙时期。清代乾隆皇帝曾命画师冷枚、陈枚各自摹绘《耕织图》,亲自作序,并保留楼璹原诗,同时每幅题七言律诗及五言律诗各一首。楼璹《耕织图》现已佚失,幸而从历代摹本还可见其基本影像。

　　楼璹《耕织图》及其摹本问世以来,在政治、经济、科技、艺术等诸多领域产生了重大影响。15世纪以后,中国的《耕织图》流传到了日本、朝鲜。

雍正像《耕织图》之"布秧"Ⓨ

93

1149 年

陈旉著《农书》

南宋农学家陈旉1149年所著《农书》，是中国现存最早的总结南方农业生产经验的农书，全面论述了中国南方农民种植水稻以及栽桑、养蚕、养牛等生产技术的丰富经验，在中国农学史上占有重要地位。

陈旉生于北宋熙宁九年（1076年），自号"如是庵全真子"、"西山隐居全真子"。《农书》成书于南宋绍兴十九年（1149年），那时他已74岁高龄。史籍上没有陈旉的传，文献中也不见他原籍的记载。据《农书》前后序言推测，他的原籍很可能是江苏，曾隐居于扬州西山。该书是他"躬耕西山"亲自参加农业生产和游历各地所见的经验总结，内容十分丰富，见解精辟、新颖，通俗易懂，具有很强的实践性和实用性。自南宋以来，以刊本、抄本、单行本、合编本等多种方式广为流行。即使在现在，它依然具有较高的参考价值，为中外农史研究者所重视。

《农书》分上、中、下3卷，约1.2万余字。上卷讲农作，是全书的重点，主要论述土地经营与栽培总论；中卷讲牛，主要论述耕牛的经济地位、饲养管理，以及牛病防治，把牛看成事关农业根本、衣食财用所出的关键之一；下卷讲蚕桑，论述蚕桑的生产和技术，蚕桑是和农耕紧密联系的生产事业。三者既各成体系，又相互联系。它不仅叙述各项生产技术，且对其中所出现的问题与原理，也都有较完善的概述，从而构成一部综述性农书。

《农书》有许多创新。它首次系统地讨论了土地利用。指出土地的自然面貌和性质多种多样，有高山、丘陵、高原、平原、低地、江河、湖泊等区别；地势有高下之不同，寒暖肥瘠也随之各不相

灌溉Y

古代农夫挑担蜡像Ⓨ

同,因此治理时各有其适宜的方法。并且提出了高田、下地、坡地、葑田、湖田五种土地的具体利用规划。陈旉说到在陂塘的堤上可以种桑,塘里可以养鱼,水可以灌田,使得农、渔、副可以同时发展,很有现代生态农业的风采。

陈旉强调人力在改善土壤肥力方面的作用,首次提出了"地力常新壮"的理论,指出只要适当施肥,便可使土地精熟肥美,保持新壮肥沃的地力,批判了地力衰退的悲观论调。在这一基础上,陈旉又指出,土壤好坏、肥瘠虽不一样,但治理得宜,都可长出好庄稼。这种"地力常新壮"的思想,是西欧中世纪所没有的。正是这种理论和实践,使历史上的中国能把大量原本条件恶劣的土地改造为良田,能够在高土地利用率和高土地生产率的条件下保持地力的长盛不衰,为农业的持续发展提供了坚实的基础。

基于可使地力"常新壮"的认识,陈旉对施用粪肥以增进地力方面,有充分的论述。不但用专门篇章讨论肥料,其他各篇中也有具体而细致的论述,对肥源、保肥和施用方法均有不少新的创始和发展。书中首次介绍了制造火粪、饼肥发酵、粪屋积肥、沤池积肥等经验,提出了"用粪犹用药"的合理施肥思想;指出要根据土壤性质和作物生长情况,选用适宜的肥料种类、数量、施用时间和施用方法。地力"常新壮"和"用粪得理"的提出,把我国古代土壤肥料学的知识推上了一个更高的水平,现代中外农史学家一致认为,这是陈旉《农书》在中国农学史上最重大的贡献。

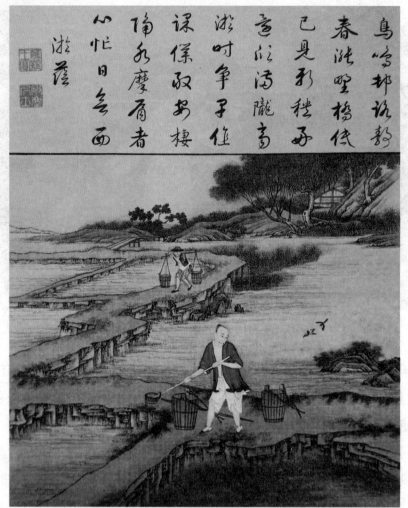

中国传统农业注重改善土壤肥力⑦

陈旉《农书》首次系统论述了南方水稻的耕作栽培技术，对耘薅、烤田和育秧技术的记载尤为详尽，总结出"种之以时，择地得宜，用粪得理"的培育壮秧要诀，对秧田水深的控制也有精辟的论述。

陈旉《农书》从内容到体裁都突破了先前历朝农书的局限，开创了一种新的农学体系，从农书的写作体例和研究方法入手，将农业生产原理和具体耕作技术结合起来，对天、地、人三者的作用与关系的认识和理论，比起以前的农书有较大的发展。

陈旉《农书》反映出宋代江南地区农业生产高度发展的水平和成就，对于我国古代农业技术体系的完善有着重要的作用，对于实际的农业生产更有着重要的指导意义。书中有关土壤肥料的论述，代表了中国古代关于土壤学说的最杰出的思想。

约13世纪
《亨利农书》撰成

约13世纪，英国农学家亨利撰成《亨利农书》，反映了英国庄园处于全盛时期的管理水平。

《亨利农书》全书20页，分为23节，以内容翔实著称于世。正文前有简短前言，说明撰写的目的是向拥有土地及房产的人进言，使其了解应该如何管理庄园、耕种土地、饲养牲畜，从而实现聚财致富的目的。该书有关管理的部分如"如何选择你的奴仆"、"监督服劳役者"、"按季节出售"、"检查账目"等节，反映出英国庄园处于全盛时期的管理水平。随着生产的发展、消费水平的提高，封建生产的管理也更加复杂化。在农业生产技术方面，该书通过诸如"关于播种"、"关于每一英亩播种量"、"牲畜管理"、"牛的饲养法"、"猪的选择法"、"羊的选择法"和"奶牛的产乳量"等节，说明当时的谷物种植和牲畜饲养技术的一些具体情况。书中用"播种量对产量比"作为测定中世纪农业生产的指标，直到现代也为一些历史学家所沿用。

《亨利农书》最初是用英国化的诺曼—法兰西语写成，有拉丁文及英文译本，以手抄本流传，内容互有出入，是16世纪开始大量涌现的英国农书的先驱。

正在劳作的英国农奴（约1310年）Ⓦ

约1295年
黄道婆推广棉纺织技术

"黄婆婆,黄婆婆,教我纱,教我布,二只筒子,两匹布。"这是一首上海地区世代相传的民谣,歌颂的是一位对棉纺织技术作出巨大贡献的妇女——黄道婆。

黄道婆是中国古代杰出的棉纺织技术革新家,被联合国教科文组织称为"世界级的科学家"。黄道婆是宋末元初松江府乌泥泾镇(今上海市徐汇区华泾镇)人,大约生于1245年。据民间传说,黄道婆出身贫苦,为生活所逼,十二三岁就被卖给人家当童养媳,她白天下地干活,晚上纺纱织布到深夜,担负繁重的劳动,还要遭受公婆、丈夫的非人虐待。她忍受不了这种非人生活,一天半夜,在房顶上掏了个洞,逃了出来,躲进一条停泊在黄浦江边的海船上,后来随船到了海南岛南端的崖州。

淳朴热情的黎族同胞十分同情黄道婆的不幸遭遇,接受了她,让她有了安身之所,并且在共同的劳动生活中,还把他们的纺织技术毫无保留地传授给她。当

黄道婆纪念馆内的黄道婆雕像❶

黄道婆纪念馆内的织布机①

时黎族人民生产的黎单、黎饰、鞍塔闻名内外,棉纺织技术比较先进,黄道婆聪明勤奋,虚心向黎族同胞学习纺织技术,并且融合黎汉两族人民的纺织技术的长处,逐渐成为一个出色的纺织能手,在当地大受欢迎,同黎族人民结下了深厚的情谊。

　　黄道婆在崖州生活了将近30年,但她始终怀念自己的故乡。在元朝元贞年间,约1295年,她从崖州返回故乡,回到了乌泥泾。她回乡后,见到当地已种植棉花,但纺织技术还相当落后,便毫无保留地把自己学得的纺织技术传授给故乡人民。她将海南黎族的棉纺织技术与江南的丝、麻纺织技术相结合,开创了先进的乌泥泾棉纺织技艺,并对去籽、弹花、纺纱、织布的工具和工艺进行了系统改革,使家乡从"初无踏车、椎弓之制",发展到推广了在当时领先于世界的"捍(搅车,即轧棉机)、弹(弹棉弓)、纺(纺车)、织(织机)之具"。

　　其中,由她发明的轧棉籽用的搅车,代替了手剥去籽,大大提高了清除棉花中的棉籽的效率,比美国人惠特尼发明的轧花机早了500年。由她发明的脚踏式三锭纺车是当时世界上最先进的纺织工具,一次能纺三根纱,比手摇一次只能纺一根纱的功效提高了3倍,这是世界棉纺织史上的一次重大革新。元初著名农学家王祯在《农书》中介绍了这种纺车,其中的"农器图谱"还对木棉纺车进行

黄道婆墓①

了详细的绘图说明。

在织造方面,黄道婆借鉴和汲取"崖州被"的经验和技术,在汉族民间传统织造工艺基础上,发展了手工棉纺织的色织和提花工艺,总结出一套较先进的"错纱、配色、综线、挈花"等织造技术,织制出名闻全国、远销各地的乌泥泾被,上有折枝、团凤、棋局、字样等各种美丽的图案。

经黄道婆的革新和推广,松江地区的棉纺织技术水平迅速提高,到了明代,松江已成为全国棉纺织业的中心,赢得"松郡棉布,衣被天下"的赞誉。各地富商巨贾争相购买松江布,并运销十余省。18世纪乃至19世纪,松江布更远销欧美,在西方世界风行一时,其中尤以紫花布最为流行。19世纪初的法国市民中,流行以紫花布制成的肥腿长裤,在雨果的小说中常可见到以穿着中国紫花布制成的长裤为时髦的绅士们。这种紫花布裤子,也是1830年代英国绅士们的新潮时装,如今还作为历史文物保存在伦敦的大英博物馆中。2006年,乌泥泾手工棉纺织技艺被列入中国第一批国家级非物质文化遗产名录。

黄道婆对棉纺织技术作出了巨大的贡献,在中国和世界古代科技史上都占有重要的地位,被后人尊称为"先棉"。黄道婆去世后,当地人民修建了"先棉祠"来纪念她。2003年,建于黄道婆墓旁的黄道婆纪念馆开馆,横批是"衣被天下"。馆内陈列展品300余件,展示了她一生所作的贡献。

1313年
王祯《农书》成书

王祯《农书》是中国第一部贯通南北农业的农书,于1313年成书,书中有中国现存最早的农器图谱。

王祯,山东东平(今山东省东平县)人,是中国古代著名的农学家和印刷术的改进者。据史书记载,他做过两任县官,元成宗元贞元年(1295年)起任宣州旌德(今安徽省旌德县)县尹,在任6年,后来在大德四年(1300年)调任信州永丰(今江西省广丰县)县尹。王祯是个比较正直的官员,在县尹任内,为老百姓办

王祯《农书》Ⓨ

过不少好事。他一直过着极为俭朴的生活,没有搜括过民财,曾捐出自己的薪俸办学校、修桥梁,还施舍医药给穷苦病人,深受当地群众拥护。王祯认为,一个地方官,应该熟悉农业生产知识,如果对农业知识不懂,就不能担负起劝导农桑的责任。他经常教导农民合理耕作和改革落后的农具,下乡时还经常带桑苗和棉籽教农民植桑种棉,为促进当时当地的农业生产起了一定作用,同时积累了丰富的农业知识。

王祯继承了传统的"农本"思想,认为国家从中央到地方政府的首要政事就是抓农业生产。他在劝农工作的基础上,将教民耕织、种植、养畜所积累的丰富经验,以及搜集到的前人有关著作资料加以总结,于1313年写成了有名的《农书》。

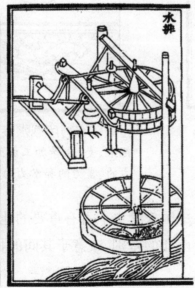

王祯《农书》所载水排图　水排是中国古代一种冶铁用的水力鼓风装置。Ⓦ

王祯《农书》全书约13万余字,分"农桑通诀"、"百谷谱"和

"农器图谱"三大部分。第一部分"农桑通诀"相当于农业总论,其中农事起本、耕牛起本和蚕事起本,简要地叙述了中国农业的有关历史及其传说;授时、地利、孝弟力田、耕垦、耙耢、播种、锄治、粪壤、灌溉、劝助、收获、蓄积、种植、畜养、蚕缲、祈报等16篇,对农业生产的各个环节,分别作了全面系统的总结和介绍。第二部分"百谷谱"属于各论性质,按照谷、蓏、蔬、果、竹木、杂类、饮食(附备荒)等7类,逐一介绍当时的栽培植物,分述其起源及栽培、保护、收获、贮藏、利用等技术方法。第三部分"农器图谱"是全书的重点,篇幅几乎占了全书的3/5,并附有农器图270余幅,可以和文字叙述对照阅读,凡是有关耕作、收获、劳动保护、产品加工、贮藏、运输、灌溉、蚕桑、纺织等各个门类的农具,都有详细的介绍,图文并茂,最后还附有两篇《杂录》。

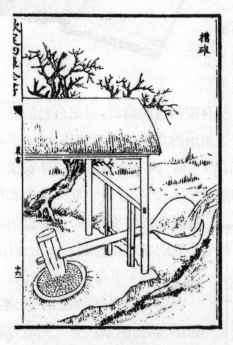

王祯《农书》所载槽碓图　槽碓是中国古代一种利用水力来舂米的机械。Ⓦ

王祯《农书》所载水转连磨图　磨是把米、麦、豆等加工成面的机械,有人力的、畜力的和水力的。Ⓦ

王祯《农书》具有很多特色,在中国农学史上占有重要的地位。该书兼论北方农业技术和南方农业技术,顾及南北的差别,致意于其间的相互交流,是中国第一部贯通南北农业的农书。

在"农桑通诀"、"百谷谱"和"农器图谱"三大部分之间,也相互照顾和注意各部分的内部联系。"百谷谱"论述各个作物的生产程序时就很注意它们之间的内

102

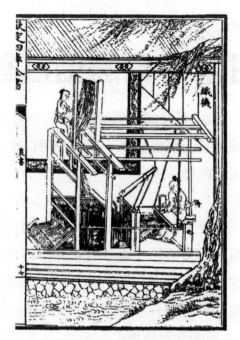

王祯《农书》所载水轮三事图　这种水轮兼有磨面、砻稻、碾米三种功用。Ⓦ

王祯《农书》所载织机图Ⓦ

在联系。"农器图谱"介绍农器的历史形制以及在生产中的作用和效率时，又常常涉及"农桑通诀"和"百谷谱"，同时根据南北地区和条件的不同，而分别加以对待。既照顾了一般，又重视了特殊。

"授时指掌活法之图"和"农业地域图"也是王祯《农书》的首创。后图的原图已佚失，无法知其原貌，现在书中出现的一幅是后人补画的。"授时指掌活法之图"是对历法和授时问题所作的简明小结。该图以平面上同一个轴的八重转盘，从内向外，分别代表北斗星斗杓的指向、天干、地支、四季、十二个月、二十四节气、七十二候，以及各物候所指示的应该进行的农事活动。把星躔、季节、物候、农业生产程序灵活而紧凑地联成一体。像这样把"农家月令"的主要内容集中总结在一个小图中，明确、经济、使用方便，不能不说是一个令人叹赏的绝妙构思。

王祯继承了前人在农学研究上所取得的成果，总结了元朝以前农业生产实践的丰富经验，积极宣传和推广新创制的农业机具，对促进我国古代农业生产的发展作出了巨大贡献。他所留下的《农书》，是一部对全国范围内的农业进行系统研究的巨著，在中国农学史上占有极其重要的地位，是一部宝贵的科学文化遗产。

1492年
甘薯由美洲传入西班牙

甘薯，旋花科甘薯属栽培种，一年生或多年生藤本植物。又名金薯、朱薯、玉枕薯、山芋、番薯、地瓜、红苕、白薯、红薯等，原产中、南美洲，块根可作粮食、饲料和工业原料。

据史书记载，1492年，哥伦布初谒西班牙女王时，将由新大陆带回的甘薯献给女王。16世纪初，西班牙已经普遍种植甘薯。西班牙水手将甘薯携带至菲律宾的马尼拉和印度尼西亚的马鲁古群岛，再传至亚洲各地。

16世纪末叶，甘薯通过多种渠道传入中国，一般认为甘薯传入我国有两条途径：一是陆路，由印度、缅甸引入云南；二是经由海路，从菲律宾传入福建或由越南传入广东。明代的《大理府志》、《云南通志》、《闽小记》、《朱蓣疏》、《农政全书》，清代的《植物名实图考》等都有相关记载。18世纪末至19世纪初期，甘薯栽培向北推进到山东、河南、河北、陕西等地，向西推进到江西、湖南、贵州、四川等地，最终遍及全国。1985年中国是世界最大的甘薯种植国，其种植面积617万公顷，约占世界总种植面积的61%。

宋元以前的中国文献中屡见有关"甘薯"的记载，但那时所说的甘薯是指薯蓣科植物的一种，而我们现在所说的甘薯则属旋花科植物，明万历年间传入我国。自它被引种到中国以后，因其形似我国原有的薯蓣科的甘薯，有人便称之为"甘薯"，久而久之，"甘薯"一词反而被旋花科的甘薯所占用。

1494年
玉米由美洲传入西班牙

玉米，禾本科玉米属植物，又名玉蜀黍，俗称包谷、棒子、珍珠米等，我国古代称番麦、御麦、玉麦、苞米、珍珠米、棒子等，是重要的粮食作物和饲料作物。玉米原产美洲的墨西哥、秘鲁，栽培历史已有7000年左右。

1492年，哥伦布在古巴发现玉米，后知整个南、北美洲都有栽培。1494年，他将玉米带回西班牙，以后逐渐传至世界各地。

玉米至迟在明代传入中国。明初《滇南本草》即有关于"玉麦"的记载，嘉靖三十四年（1555年）《巩县志》也有记载，但明确而详细的记载则见于嘉靖三十九年（1560年）甘肃的《平凉府志》卷11："番麦，一曰西天麦，苗叶如蜀秫而肥短，末有穗如稻而非实。实如塔，如桐子大，生节间，花炊红绒在塔末，长五六寸，三月种，八月收。"此外，明代田艺衡《留青日札》、李时珍《本草纲目》均有记载，16世纪后期云南《大理府志》和《云南通志》也有玉米种植的记载。因此，玉米很可能是从印度、缅甸传入云南，再从云南传播到黄河流域；也可能从中亚细亚循丝绸之路传入我国，越河西走廊过平凉而进入中原；第三路则可能经中国商人或葡萄牙人经海路传入我国东南沿海地区。玉米具有高产、耐饥、适应性强的特点，明清以后中国人口的快速增长，很大程度上有赖于玉米等作物的引进。

晚清至民国时期，玉米已发展成为中国仅次于水稻和小麦的第三大作物。

一位农业科学家正在记录玉米生长情况Ⓦ

16 世纪初
花生由南美洲传入非洲

花生,豆科落花生属一年生草本,地上开花,地下结果,故有落花生、落地参之称;又名长生果、万寿果、番豆等。是一种人们喜爱的食品,也是一种重要的油料作物。花生分小粒型和大粒型两种。

花生原产美洲,玻利维亚南部、阿根廷西北部和安第斯山麓的拉波拉塔河流域可能是花生的起源中心地。据近年的考古发现,在4000年前的秘鲁就有了花生的人工栽培种。从公元前200年到公元700年这段时期,花生的种植利用已有了一些发展。在15世纪末哥伦布航渡美洲、开创地理大发现时代以前,花生大量种植于南美的巴拉圭、乌拉圭、巴西、阿根廷等地区。

不过,对欧亚大陆来说,种植花生却仅是近400年的事。16世纪伊始,葡萄牙人将花生从巴西传入非洲。在那里,炎热少雨的气候,含沙带碱的泥土,为花生的生长提供了理想的温床。100年后,花生成了非洲大陆上普遍种植的作物,竟与土生土长的庄稼平分秋色。据说,花生也是葡萄牙、西班牙商人带到东印度群岛,再从那里传入印度而至于我国。欧洲文献中最早的有关花生的记载见于1526年出版的《西印度博物志》一书,可见16世纪初花生也已传入欧洲。

《科勒药用植物》中的花生图ⓦ

中国有关花生的最早记载见于元末明初贾铭的《饮食须知》,其后许多书籍不但记载了花生的生物学特性,而且还载有地理分布等。花生传入中国后最初在广东、福建一带种植,17世纪花生栽培渐至浙江,18世纪以后进一步发展到湖南、江西、四川及我国北方地区。近代以前我国花生种植品种皆为小粒种。19世纪八九十年代,美国传教士将大粒花生引入山东蓬莱,使蓬莱成为大粒花生的主要产区。因其种植便易、耐贫瘠,而且产量高,颇受农民欢迎,很快被推广至长江流域和北方各省,其中尤以冀、鲁、豫等省为最。如郑州、商丘一带,过去很少种植花生,自1894年美国大粒花生传入后,往日"荒丘之区,向所弃之地,今皆播种花生"。

1502 年
中国金鱼传入日本

　　金鱼是世界上最著名的观赏鱼类，深受人们喜爱。当你观赏时或许会想：金鱼是人工饲养的产物，它和江河湖海的野生鱼类有着极大的不同，在自然界里找不到金鱼的踪影，那么它的祖先是哪一种鱼类呢？金鱼的故乡又在哪里？

　　根据史料的记载和近代科学实验研究查明，金鱼起源于中国，是野生红鲫在长期人工饲养及选育下家化而成的观赏鱼。早在北宋时期，杭州兴教寺等寺庙的水池内已有红鲫饲养，可认为是原始的金鱼。南宋时，建池饲养金鱼已形成一种社会风气。当时还出现了一批从事"鱼儿活"的养金鱼技工，他们用水蚤喂养

金鱼，还注意研究培育金鱼的新奇品种。有意识的人工选择促使金鱼新的变异品种能够得到繁殖和发展。

　　到了明代，金鱼的饲养技术有了很大的发展，开始由池养改为盆养。金鱼也较普遍地作为室内的一种陈设，以供玩赏。由于生活环境的改变，更由于采用分盆育种，金鱼特异的优良品质比较容易保存。经过长期的选种和杂交遗传，金鱼在颜色、外形、器官、习性等各方面的变异逐渐增多，新的品种不断涌现。《硃砂鱼谱》（1596年）是中国最早的一本论述金鱼生态习性和饲养方法的专著，其中所记金鱼达29种之多。

北宋《落花游鱼图》中的金鱼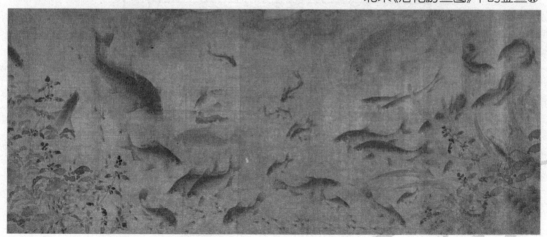

　　中国金鱼向外传播,首先是传入东邻日本,而后渐及世界各地。1502年中国金鱼由福建泉州传入日本;1611年前后被运往葡萄牙;1691年前流传到英国;1728年在荷兰阿姆斯特丹人工繁殖成功,从而遍及整个欧洲;19世纪中叶经由美国传到美洲其他国家。此后,金鱼成为遍及全球的著名观赏鱼。

明代的金鱼花瓶Ⓦ

　　金鱼对科学的发展也有重要影响。金鱼的家化证明了一个具有普遍性的法则,即动物一旦离开了自然的生活条件就可能发生变异,并且当选择被采用之后一些新种就能形成。19世纪英国博物学家达尔文对中国人近千年间饲养金鱼的实践作了科学总结,他在《动物和植物在家养下的变异》一书中写道:"金鱼被引进到欧洲不过是两三个世纪以前的事情,但在中国自古以来它们就在拘禁下被饲养了。……这等鱼往往是在极不自然的条件下生活的,并且它们在颜色、大小以及构造上的一些重要之点所发生的变异是很大的。……因为金鱼是作为观赏品或珍奇物来饲养的,并且因为'中国人正好会隔离任何种类的偶然变种,并且从中找出对象,让它们交配'。所以可以预料,在新品种的形成方面曾大量进行过选择,而且事实也确系如此。"因此,金鱼是中国古代传到世界各国的高科技产物。现在,金鱼仍然是研究生物遗传变异的重要科学材料之一。

19世纪中期西方画作中的金鱼Ⓦ

1510年
向日葵由北美洲传入欧洲

向日葵,菊科向日葵属一年生草本,又名西番菊、迎阳花、葵花等,因幼苗和花盘有向日性而得名,是主要油料作物之一,也可直接食用。

荷兰画家凡·高《向日葵》Ⓦ

向日葵原产于北美,1510年被西班牙探险队引入欧洲,种植在西班牙马德里的皇家植物园,作为观赏植物。16世纪末,向日葵已传遍欧洲。在向日葵从美洲大陆向外传播一两个世纪之后,当人们看到鸟儿啄食它成熟的种子时,才知道向日葵有食用价值。于是,人们开始采摘向日葵花盘上的嫩花朵,加上佐料做凉拌生菜吃,并采摘籽粒作为咖啡代用品和鸟饲料。后来,有人发现在火上烤过的葵花籽,有很多油清,并发出诱人的香味,从而启发人们用向日葵种子做榨油的原料。1716年,英国人首次从向日葵种子中成功提取油脂。18世纪初,向日葵从荷兰传入俄国。到19世纪中叶,经俄国科学家育种改良的榨油品种又从俄国传回美国和加拿大。1974年,全世界向日葵油脂产量已仅次于大豆,跃居食用油产量的第二位。

向日葵约在16世纪末或17世纪初由南洋传入中国。有关记载最早见于1621年明代王象晋所著的《群芳谱》,当时称西番菊。"向日葵"之名首见于明朝的《长物志》(约1630年代)一书。但明代的《本草纲目》和《农政全书》尚未提到向日葵,可推知那时它的栽培还不普遍。据《群芳谱》的记载,向日葵估计主要用作观赏植物和药用作物。现在,向日葵在中国油料作物中的栽培面积仅次于大豆和油菜,其经济价值已超过玉米和大豆。

1519年
墨西哥开始栽培烟草

烟草,茄科烟草属一年生草本。叶片含烟碱(尼古丁),采收后经加工处理用于制作卷烟、雪茄烟、斗烟、旱烟、水烟和鼻烟等,是世界性栽培的嗜好类工业原料作物。烟草的别称还有相思草、金丝烟、芬草、返魂烟等。

《科勒药用植物》中的烟草图Ⓦ

烟草原产于中、南美洲。建于公元432年的墨西哥帕伦克一座神殿里的浮雕,表现了玛雅人的祭司在举行典礼时以管吹烟的情形,这是人类利用烟草的最早证据。1519年,烟草开始栽培于墨西哥的尤卡坦。欧洲的探险家们随后将烟草带回了本土。1531年,西班牙人在西印度群岛的海地种植烟草,继而传播到葡萄牙和西班牙,以后逐渐传向世界各国。当时人们对它十分好奇,并且心存疑虑,然而这种情况很快就得到改变。16世纪时,烟斗和雪茄已遍及整个欧洲。

烟草在整个欧洲的传播过程中,法国人尼古特(Jean Nicot)有着"功不可没"的作用。尼古特曾是法国驻葡萄牙大使,在听闻吸食烟草有解乏提神、治疗病痛之效后,便在自家的花园里精心培育。他尝试着用烟草治疗疾病。1561年尼古特把烟草带回法国,并把它的神奇药效介绍给法国王后,还治好了王后的偏头痛。于是,烟草在法国上层社会风行一时。有病没病,大家全都开始

一则1918年的香烟广告Ⓦ

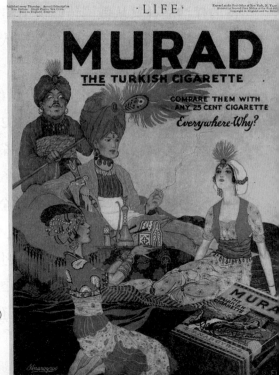

画作中描绘的欧洲早期吸烟者Ⓦ

吸鼻烟。为了褒奖尼古特的传播之功,人们将烟草中的烟碱命名为尼古丁(Nicotine)。

烟草于16世纪中后期和17世纪初期经由南北两线先后传入中国,当时称之为"淡巴菰",这是印第安语烟草的音译。其中南线又分三路:(1)由菲律宾传入闽、广,再传入江、浙、两湖和西南各省;(2)自吕宋传入澳门,再经台湾进入内地;(3)自南洋或越南传入广东。北线经朝鲜引进我国东北和内蒙等地。最早记录烟草的文献是明代张景岳的《景岳全书》(成书于1624年):"此物自古未闻,近自我明万历时始出闽、广之间。"烟草传入之初主要作为药用,因其吸食具有兴奋和攻毒祛寒的功效,后成为大众嗜好品,迅速发展,很快传遍大江南北、长城内外。

值得一提的是,禁烟运动伴随着烟草传入欧洲就出现了,但是各国政府禁烟的原因却各有不同。宗教势力认为吸烟是魔鬼的诱惑,英国的宗教书告诫女性"吸烟让嘴唇持续运动,会导致女性长胡子"。医学界认为吸烟包治百病

烟草种植Ⓦ

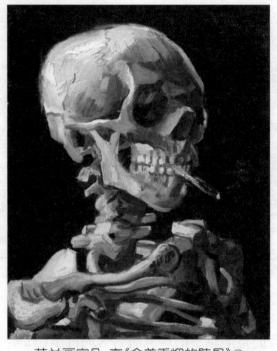

荷兰画家凡·高《含着香烟的骸骨》Ⓦ

就不需要医生了,而各国国王则担心吸烟导致财富流失。1954年,英国皇家医学会第一次发表了吸烟有害健康的报告,把吸烟与肺癌联系起来,引发了真正现代意义上的抵制吸烟的运动。1964年,美国卫生部的报告把香烟定为"杀人凶犯",要求大规模开展禁烟运动。1974年,世界卫生组织首次提出了"被动吸烟"、"二手烟"的概念,成为日后禁烟运动的重要理论依据。1987年,有关国际组织将每年的4月7日定为"世界无烟日"。1989年起,"世界无烟日"又定在了儿童节的前一天5月31日,可谓用心良苦。

2005年2月27日,100多个国家签署了《烟草控制框架公约》(FCTC),成为全球控烟历史的里程碑。公约规定,签约国一般义务为:增加烟草税收、禁止向青少年销售烟草制品、保护被动吸烟者的利益、管制烟草制品成分等。

巴拉圭的世界无烟日邮票Ⓦ

1523年
菲茨赫伯特著《农业全书》

　　16世纪以后,英国农村经济发展较快,而反映处于技术变革前夕特点的农书,也以英国的为多。1523年,英国拥有自主土地、从事独立经营的约曼农(14—19世纪英国农民的一个阶层)菲茨赫伯特,在积累了40多年农业生产实践经验的基础上撰写、刊行了《农业全书》。

　　《农业全书》是近代早期英国的第一部综合性农书,内容包括种植业、畜牧业、林业以及家庭日常生活等方面。该书从讨论农具犁开始,涉及犁的种类及犁操作上应该注意的事项等,进而讨论与耕种、饲养有关的农事。全书重点探讨了与三圃制有关的一些技术管理措施,已提出把豌豆、蚕豆等豆类作物引入轮作体系,使之成为临时牧草地。这种牧草地不是和永久性敞地分开,而是将个人占有的条田当作临时的采草地,几年后再耕翻恢复原样,标志着当时英国有的地方已经从三圃制向改良三圃制转变。书中也提到,受市场需求增加的刺激,为了提高产量而开始在大田施用厩肥。

　　《农业全书》被公认为英国近代农书的先驱,其内容、体例已经符合严格意义上的农学著作,是英国近代早期农书的代表作。

中世纪西欧农民
劳动生活场景Ⓦ

113

16世纪中叶
番茄由美洲传入欧洲

番茄，茄科番茄属一年生草本，在热带为多年生，又名西红柿、番柿、六月柿、洋柿子等，主要以成熟果实作蔬菜或水果食用。

番茄原产南美洲安第斯山地带的秘鲁、厄瓜多尔等地，在安第斯山脉至今还有原始野生种，后来传播至墨西哥，驯化为栽培种。16世纪中叶，番茄由西班牙和葡萄牙商人从中、南美洲带到欧洲，再由欧洲传至北美洲和亚洲各地。刚开始番茄是作为庭园观赏用，后来才逐渐食用，如今番茄已经是一种世界性的主要经济作物。中国栽培的番茄是明代万历年间（1573—1620年）从欧洲或东南亚传入，1613年山西《猗氏县志》中已有记载。番茄引种之初是作为观赏植物供人欣赏，直到19世纪中后期才进入菜圃，20世纪初上海等大城市郊区开始栽培食用，大规模发展是1950年代以后，现已成为中国主要蔬菜之一。

番茄现在已成为我们日常生活中不可或缺的美味佳品，但是当初由于它的果实鲜红艳丽，且番茄属于茄科，此科中多种之果具有特殊臭味，果有毒性或麻醉性（如颠茄），所以人们怕它有毒，只是把它作为观赏植物来欣赏，没人敢吃它。随着科学的进步，人们改变了先前的偏见，注意到番茄的营养价值和医疗功效，逐渐接受了番茄这一美丽的果实。于是番茄由观赏性向食用性转变，后来慢慢发展成世界性的蔬菜和大众化的水果。

16 世纪中叶
西班牙美利奴羊传入美洲

美利奴羊译自西班牙文 Merino，是细毛绵羊品种的统称。原产于西班牙，以后输往其他各国，通过不同自然条件的影响和系统选育，遂成为各种不同的美利奴品种，如法国兰布耶、澳洲美利奴等。现在以美利奴血统为主的细毛羊已经遍布世界各地，其产毛量约占世界羊毛产量的三分之一。

由于养羊在西方农业中兼有衣用、食用的功能，因此，衣用价值和食用价值成为绵羊选种和育种的两个主要目标。以衣用而言，起初的羊毛和其他动物的毛在理化性能等多方面都是一样的，不堪纺织，而后来成为一种主要的纺织原料，则是不断改良的结果。杂交育种导致了13、14世纪之交，西班牙美利奴细毛羊的出现。在此之前，羊毛只适合制作毡垫、地毯、粗袜、粗布。美利奴羊的出现使其他的可能成为现实，这种羊经杂交和改良后成为欧美细毛羊的先祖。

最早描绘美利奴羊的画作之一（约1650年）Ⓦ

据史书记载，西班牙美利奴羊的祖先源于公元前几百年从腓尼基运到西班牙的一些细毛羊。在罗马帝国时期，繁育细毛羊和用其毛制造呢绒，是西班牙经济收益最多的部门之一。细毛羊的专利和一些奖励措施对于西班牙的美利奴羊养羊业和毛纺工业起到了推动作用。16世纪养羊业得到进一步发展，数量显著增加，并建立了高质量的种用畜群。当时以游牧和定点放牧方式经营，国王、贵族和教会拥有较多的头数。据说西班牙曾经严禁美利奴羊输出，违者除国王以外处以死刑。

16世纪中叶，西班牙美利奴羊传入美洲，18世纪又相继传入瑞典、德国、法国、意大利、澳大利亚、俄国、南非及其他一些国家，至19世纪遍布世界各地。

1565年
芜菁引入英国

英国工业革命以前，农业是国民经济中的主要部门，农业人口占全国人口的绝大多数。历史学家认为，英国历史上发生过一场持续了三个世纪的农业革命。这场革命使英国农业在生产技术、耕作方法和组织形式上发生了巨大的变化，对英国的工业化产生了深远的影响。

芜菁Ⓨ

农业革命是英国在由传统的农业社会向工业文明过渡的过程中，在农业生产技术领域和农业制度领域进行的变革。其中新作物的引进是技术性因素的一大内容。农业革命前，英国的作物品种极其有限，主要有小麦、燕麦、黑麦、蚕豆、扁豆等。从16世纪开始，芜菁、马铃薯、胡萝卜等块茎和直根作物以及三叶草、驴喜豆、黑麦草等牧草被引入英国。其中，影响较大的是荷兰移民于1565年将芜菁引入英国，首先在英格兰西南部开始种植。苜蓿在17世纪已见一些地方种植。其他人工牧草和块根作物亦陆续引进。

芜菁等作物开始是作为饲料而引进的。过去畜群因缺乏越冬饲料，一到冬天就不得不大量宰杀。块茎、直根作物和人工牧草的种植解决了冬饲料问题，特别有利于畜牧业的发展，而且可以减少常年牧场，扩大耕地面积。同时，人们在种植这些作物的过程中发现，种过三叶草的地方小麦生长得更好，因而

三叶草Ⓦ

认为三叶草以某种方式给小麦准备好了土壤。同样的经验也使他们相信，小麦为芜菁，芜菁为大麦，大麦为三叶草准备了土壤。这样便导致了被称为"诺福克轮作制"的小麦、芜菁、大麦和三叶草的四圃农作制的出现。这种农作制度，使休闲的频率降低，因为三叶草加速了硝化过程，而三叶草的栽培又清除了地上的杂草，加速了土地利用的周转，提高了土地的利用率。

欧洲中世纪耕作图Ⓦ

芜菁等作物的引进不仅增加了动物的饲料，提高了土地的载畜能力和利用率，改变了英国的农作制度，而且对于单位面积产量的提高也起到了积极的作用。芜菁等作物的引种增加了载畜量，同时也就增加了肥料的供应。畜肥是当时主要的肥料。畜肥量的增加，提高了土壤肥力和谷物的产量。除此之外，芜菁和三叶草还直接作用于土壤。芜菁和中耕结合在一起可以起到抑草作物的作用；三叶草作为一种固氮的豆科作物，能够改良土壤，增加了粮食作物所必需的营养供应，对于提高谷物的产量发挥了重要作用。

芜菁等作物的引进，使土地只能在粮食与畜牧间二选一的情况被改变，实现了饲料—畜牧—农肥—粮食的良性循环，从而使英国农业和畜牧业得到相互促进、共同发展。

1570 年
马铃薯由南美洲传入西班牙

马铃薯,茄科茄属一年生草本,又名洋芋、土豆、山药蛋、地蛋、荷兰薯等。块茎可供食用,是重要的粮食、蔬菜兼用作物。马铃薯原产南美洲秘鲁和玻利维亚的安第斯山区,为印第安人所驯化。

《法兰西植物图谱》
中的马铃薯图⑩

马铃薯于 16 世纪后半叶从南美洲传到欧洲。1570 年,西班牙海员把马铃薯当作储备粮食无意中带到了西班牙塞维利亚,后来经过意大利、德国传遍中欧各国。1590 年,马铃薯被引种到英格兰,并遍植英伦三岛,后来传播到威尔士以及北欧诸国,又引种至大不列颠王国所属的殖民地以及北美洲。大约 17 世纪晚期,马铃薯传入菲律宾、日本、西印度群岛和非洲一些沿海地区。18 世纪末,马铃薯传入澳大利亚、新西兰和南亚的印度等。400 多年后的今天,马铃薯已在全世界被广泛种植,成为全球除谷物外,用作人类主食的最重要的粮食作物。

马铃薯在传入欧洲之初,并不受人们的欢迎。在欧洲最先拥抱马铃薯的是爱尔兰人。贫瘠的土地、一无所有的爱尔兰农民、能适应恶劣环境的马铃薯,三者碰到一起立即就很好地结合了,在英国殖民者不要的土地上生产出了令人不可思议数量的食物。几亩贫瘠的土地所生产出的马铃薯,足以养活一大家人和

马铃薯⑩

家里的牲畜。爱尔兰成了以马铃薯为主食的第一个欧洲国家。英国著名经济学家亚当·斯密根据他对爱尔兰的观察,大力赞扬马铃薯的好处,为它作了理论上的辩护和正名。他认为,种植马铃薯至少有三大好处:可增加食物产量,增加人口并提高土地的价值。而现代科学证明,除了碳水化合物所具有的能量外,马铃薯还能提供相当多的蛋白质和维生素,它所缺乏的只是维生素A,这通过喝牛奶就可以补充了。马铃薯还在无意中终结了欧洲的坏血病。并且它的食用比它的种植还要简单。马铃薯这些超越粮食的优点,使它征服了欧洲北部。但过分依赖马铃薯也使爱尔兰人饱受灾难,1845—1846年,具

各种马铃薯美食Ⓦ

法国画家米勒《种土豆者》Ⓦ

荷兰画家凡·高《吃土豆的人》Ⓦ

有毁灭性的马铃薯晚疫病，使爱尔兰人口在随后的6年中锐减30%。

马铃薯约在17世纪前期传入中国，可能从东南、西北和西南几路传入。在生态环境恶劣、不适合其他谷物生长的高寒地域，马铃薯传入后成为当地人民赖以生存的重要粮食作物。《植物名实图考》说："阳芋，黔滇有之……疗饥救荒，贫民之储。……闻经南山氓，种植尤繁富者，岁收数百石云。"四川《奉节县志》也谈到："乾嘉以来渐产此物，然尤有高低土宜之异，今则栽种遍野，农民之食，全恃此矣。"到19世纪我国东西南北不下十多个省均有马铃薯栽培。进入20世纪后，随着世界范围内科学研究与试验发展以及国际交流的加强，马铃薯在中国开始加速传播扩散。时至今日，中国已成为全世界马铃薯第一生产大国，马铃薯也由一种"舶来品"成了中国的"土特产"。

患晚疫病的马铃薯Ⓦ

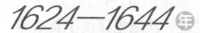

1624—1644年
太湖地区和珠江三角洲地区出现生态农业雏形

1624—1644年，一种生态农业的雏形先后在中国南方一些地区产生。尽管各地由于自然条件、资源条件、经济条件不同，生态农业表现的形式不一样，但合理地利用自然资源这一点却是相同的，这是中国传统农业在利用自然资源上的一个具有十分重要意义的发展。

明清时期，中国南方水乡的一些低洼地区常遭水淹，难以种植。人们尝试将洼地改成水塘，并堆高地面，形成一种池养鱼、地种粮的经营格局。当时人们已认识到植物生产中的废弃物可以作为动物生产的饲料，而动物生产中的废弃物又可以作为植物生产的肥料，二者具有互相依存、互相促进的关系。于是，人们便将各类废弃物利用起来，例如将农作物的糠秕、糟粕、稿秆用以饲畜，又将牲畜的粪便用来肥田，借以降低农业生产成本，从而又将种植业、畜养业、副业各生产部门有机地联系起来，成了一个有机的生产整体。采用这种生产方法，使水、陆动植物资源都得到了充分的利用，生产因而也出现了一个新局面。从生态学的观点来考察，这是一种对自然资源的合理利用，也可以视为我国历史上最早出现的一种人工生态农业。

太湖地区既是湖羊的主产区，又是全国蚕桑业的重心所在，1624—1644年，这里的人民创造出了粮、畜、桑、蚕、鱼相结合的"桑基鱼塘"。据方志记载，所谓"桑基鱼塘"就是把低洼地挖深为塘，把挖出的泥土覆于四周成基，塘内养鱼，基

桑基鱼塘⑥

面植桑种作物,形成一个"基种桑,塘养鱼,桑叶饲蚕,蚕屎饲鱼,两利俱全,十倍禾稼"的生产格局,从而成为一个基塘式人工生态系统。洼地挖深便于蓄水养鱼,同时也有利于灌溉;洼地中挖出的肥土,堆在低地上,又加高了地面,使农作物免遭水淹;鱼粪(包括池中淤泥)肥桑不仅能提高土壤肥力,而且还能补充土壤的淋失。一举数得,这是人为改变自然地形而取得的良好效果。

据《沈氏农书》和《补农书》记述,以农副产品喂猪,以猪粪肥田;或者以桑叶饲羊,以羊粪壅桑;或者以鱼养桑,以桑养蚕,以蚕养鱼,桑蚕鱼相结合。这样不仅使当地的农业生产结构得以优化,促进了多种经营的积极开展,也有利于生态循环趋向平衡。

珠江三角洲地区是广东的主要产粮区,但是全区三分之一的耕地地势比较低洼,水患严重,有的还受咸水的威胁。为了克服这些不利因素,当地人民创造出果、鱼、桑相结合的"果基鱼塘"。据方志记载,"果基鱼塘"的做法是将低洼地挖深为塘,挖出的土覆盖于四周筑成塘基,使基的地势增高,土层增厚,以解除水浸内涝和咸水的威胁;而在挖深了的塘内养鱼,在基面上种植荔枝、柑橘、龙眼、香蕉等南方水果。后来随着商品经济和对外贸易的发展,珠江三角洲地区在"果基鱼塘"的基础上又发展出"菜基鱼塘"、"稻基鱼塘"、"蔗基鱼塘"、"花基鱼塘"等多种形式并存的基塘生态。

"桑基鱼塘"、"果基鱼塘"等做法是中国水乡人民在土地利用方面的一种创造,也是中国建立合理的人工生态农业的开端。它既能合理地利用水陆资源,又能合理地利用动植物资源,不论在生态上,还是在经济上,都取得了很高的效益,曾被联合国粮农组织列为最佳农业生态模式之一。

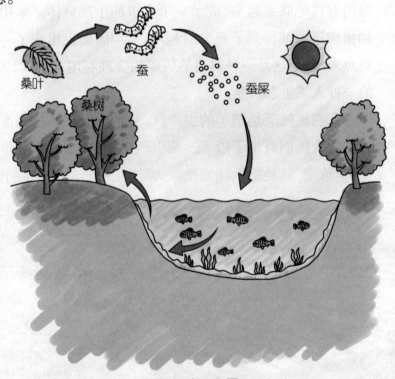

桑基鱼塘示意图⑤

1639年
徐光启《农政全书》问世

《农政全书》是中国历史上关于农业科学技术的一部百科全书,总结了17世纪以前中国传统农政措施和农业科学技术发展的历史成就,在中国和世界农学史上均占有重要的地位。

徐光启W

编写这部巨著的,就是明朝著名科学家徐光启。徐光启是松江府上海县(今上海市)徐家汇人,出身农家,家境清贫。他19岁时考上了秀才,之后几次去考举人,都没有考中,为家计所迫,只好一面学习和教书,一面种田,这培养了他对农业试验的爱好。36岁时,他再次去北京考举人,这次本来又要落选,幸亏主考官焦竑看到了他那份已被阅卷官遗弃的考卷,大为赞赏,将他定为第一名,徐光启这才中了举人。43岁时,徐光启考中进士,入翰林院,3年后开始做官。但他做官并不顺利,常常受人排挤。不过,政治上的坎坷反倒促成了他在科学上的多方面的成就。

徐光启(右)和利玛窦W

1600年,徐光启在南京结识了懂得许多科学知识的意大利传教士利玛窦,虚心向他学习西方天文、历法、数学、测量、水利等科学知识,极大地开阔了自己的眼界,并在以后的岁月与利玛窦等传教士合作,陆续翻译了大量的西方著作。

46岁(1607年)时,徐光启的父亲病逝,按照当时的规定,他必须回家守孝3年。这3年里,徐光启在上海家宅设置了小规模的试验园地,亲自进行栽培试验,撰写了《甘薯书》等农业著作。3年之后,徐光启回到北京

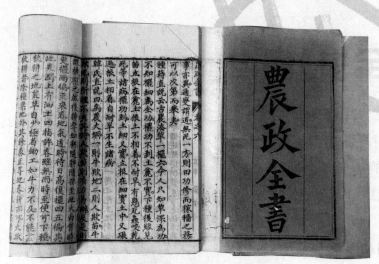

《农政全书》⑧

做官,但因为与朝臣意见不合,政见无法实现,便数次借口生病,去天津养病,并利用这些时间开渠种稻,进行各种农业试验,写出了《北耕录》等著作。这两段比较集中的时间里所从事的农业试验与写作,为日后《农政全书》的编写打下了基础。

1622年,徐光启因为不肯接受魏忠贤阉党的笼络而被弹劾,回到家乡上海。他苦于在政治上不能报效国家,于是将积累多年的农业资料加以系统的整理,于1625—1628年编写了他一生所做农业科学研究的总汇——《农政全书》。1628年,徐光启官复原职,后来官至文渊阁大学士(相当于宰相),由于政务繁忙,并且要负责修订历书,《农政全书》的最后定稿工作无暇顾及,以致《农政全书》在徐光启生前未能出版。后来这部农书由他的学生陈子龙删改,于1639年即徐光启去世6年后刊行。

《农政全书》主要包括农政思想和农业技术两大方面,共60卷,约70万字,内容包括农本、田制、农事、水利、农器、树艺、蚕桑、种植、牧养、制造、荒政等。如"农本"主要记述传统的重农理论;"田制"为土地利用方式;"农事"是范围相当广泛的"农业概论",除历史经验外,还收录了不少农谚和作者自己的心得体会;"水利"包括西北、东南水利等论述,着重强调开发西北水利的重要性,还附有徐光启和意大利传教士熊三拔合译的《泰西水法》,这是中国第一部系统介绍西方农田水利技术的著作;"荒政"则汇编历代备荒文献,考订各种备荒史料,并全部采录《救荒本草》和《野菜谱》二书,使这两本描述救荒植物的专著得以广泛流传。

明朝末年政治腐败,民穷国困,徐光启著书意在治本,希望运用国家力量引导和发展农业,所以《农政全书》以大量篇幅阐述开垦西北荒地、兴修水利、救济灾荒的各种规划、建议和技术,是历代农书中所少见的。同时,徐光启在《农政全书》中汇集了前人积累的科学技术知识,吸取了传教士带来的西方科学,分析整理了自己调查和科学试验所得的材料,并通过评、注来表述自己的认识和见解,使汇集的材料和自己的见识融为一体。可以说,《农政全书》凝结着徐光启在农

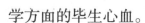

学方面的毕生心血。

　　《农政全书》问世后影响巨大,清朝初年即东传朝鲜、日本,18世纪传入欧洲,被誉为"农业百科全书",在国际上颇有声誉。该书传到日本后,农学家宫崎安贞依照《农政全书》的体系、格局,于1697年编著《农业全书》10卷。此书对日本后世农业的影响很大,被称为"人世间一日不可或缺之书"。日本农史学家古岛敏雄在《日本农学史》中,充分肯定了《农政全书》对《农业全书》的影响;日本学者熊代幸雄指出,徐光启《农政全书》堪称是中国农书的"决定版",它给日本宫崎安贞《农业全书》以强烈影响,后者甚至可以看成是《农政全书》"精炼化的日本版"。由此可见,《农政全书》通过直接或间接对日本近世农书的影响,在日本当时得到了广泛的普及和传播,并对推动当时整个日本农业技术的发展、农业生产力的提高,起了非常大的作用。

徐光启和农夫蜡像Ⓨ

　　徐光启是将西方近代科学技术介绍到中国并使之与中国传统科学技术相融合的先驱之一,由于他具有先进的科学思想,勤于试验的认真态度和广博的科学知识,使《农政全书》的科学性和实践意义都远远超过其他整体性传统农书,是中国农业科学技术史上一部不朽的著作。

1658年

张履祥《补农书》成书

《补农书》由《沈氏农书》和《补农书》合编而成,分为上、下两卷,是中国明末清初浙江嘉湖地区农业科学技术的实录,真实地反映了当时当地的农业生产状况,是一部极有价值的农书。

《沈氏农书》为浙江归安(今属浙江省湖州市)沈氏所作,成书时间约为1640年,沈氏名字及生平不详。《补农书》是浙江桐乡人张履祥的著述,于1658年成书,旨在补充《沈氏农书》之不足。清同治十三年(1874年),海宁陈克鉴重刊《杨园先生全集》时,将《沈氏农书》和《补农书》合在一起,作为上下两卷,统名为《补农书》。从此,《补农书》的内容也包括《沈氏农书》在内。

《沈氏农书》由"逐月事宜"、"运田地法"、"蚕务"和"家常日用"4篇组成。"逐月事宜"是农家月令提纲,按月列举重要农事、工具和用品置备等;"运田地法"主要记载水稻和桑树栽培;"蚕务"除养蚕外,还包括丝织和六畜饲养;"家常日用"讲述农副产品的加工和贮藏知识。该书内容翔实、技术精湛、条理清晰,不论经营管理或技术知识,都达到了相当高的水平,如书中所述的施肥技术已接近于现代技术知识水平。《沈氏农书》的作者,现在所知甚少,只能从他所著农书中看出他是一个经营兼出租地主,积累了相当丰富的农业生产经验,同时是一个勤于钻研很有学问的人,除了重视学习老农世代相传的经验外,还很注重试验。

张履祥是明末清初著名的理学家、思想家和农学家,因为世居浙江桐乡杨园村,人称杨园先生。明亡后,张履祥隐居家乡,一边教书,一边务农。他十分重视农业,认为不论做官还是种田,都可做出伟大事业来,指出轻视农业是错误的。由于这种精神的指导,他亲自参加农业劳动,在农业生产上积累了不少管理经验与技术知识。他以《沈氏农书》为依据,补撰了《沈氏农书》的"未尽事宜",这就是我们现在所说的《补农书》下卷。其中包括"补农书后"、"总论"和"附录"三部分,

宋梁楷《蚕织图》W

初秧图

主要论述有关种植业、养殖业的生产和集约经营等知识，记载了桐乡一带较重要的经济作物如梅豆、大麻、甘菊和芋苏等的栽培技术，内容相当广泛，且切实可行。张履祥同历史上其他有成就的农学家一样，比较重视实际经验，尤其注重向老农学习。他在《补农书》自序中，就说明这部书是根据亲身实践与总结老农经验撰写而成的。

《补农书》在农业技术和农业经营方面都有突出的贡献。由于沈氏、张氏既重视老农经验，又注重试验，所以《补农书》能比较深刻地反映明末清初嘉湖地区农业生产的管理经验和技术知识。研究这部农书，不仅可以了解明末清初江浙社会经济的背景与自然条件，而且书中提到的经营农业的方式与生产经验，在今天也仍有一定的参考价值。

1697年

宫崎安贞编成《农业全书》

　　1639年徐光启所著的《农政全书》刊印，不久便传到日本。1697年，日本农学家宫崎安贞依照《农政全书》的体系和格局，并总结日本农民的生产经验，编写了《农业全书》，该书被公认为日本农书的代表作。

　　宫崎安贞原为福冈藩士，后来回乡务农。为了研究农业技术，他曾周游各藩，返乡后将个人财产全部投入农田开垦，并尽心指导农民掌握增产技术。《农业全书》共10卷，记叙了148种作物的栽培方法，也简单地涉及家畜、家禽和鱼类的饲养繁殖技术。此书编写时虽然参考了中国的《农政全书》，但是能突出并体现日本自然环境和技术措施的特点。书中强调兴修水利是提高和保证水稻丰产的首要条件。地力培育可以通过施用优质肥来解决。油粕、鱼粉等优质速效肥被认为是种植经济作物时必不可少的，反映出商品肥料在生产中占有一定的比重。水田与旱地同时种植经营便于人力的安排。对农具的记载较为简略，乃至认为锄草时用手操作胜过用手工农具。这些记叙体现了以多劳多肥为特点的日本传统农业技术成就，适应当时日本商品经济的发展。书中对木棉、蓝靛、烟草等经济作物已有记述。

　　《农业全书》记述了明治维新前的农业生产技术，对当时的农业生产及后来撰写的一些农书都有一定的影响，成为日本后世农书的典范。

描绘农人下雨天在农田劳作情景的日本浮世绘 Ⓦ

*1701*年
塔尔发明马拉谷物条播机

16—17世纪,荷兰的轻便犁传入英国,英国开始了农具改革。其中取得重大进步的是英国农具改革的先驱、近代农学奠基人之一塔尔于1701年发明的马拉谷物条播机。该播种机由一个车轮状结构以及装满种子的盒子等构成。当沿着农田拖动该机器时,由车轮驱动的棘轮能够均匀地将种子播撒下去,显著地提高了作业效率和播种质量。

西方画作中的播种者ⓦ

塔尔1674年出生于英国一个乡绅地主家庭,当时英国农民的耕作方式还非常落后。农民耕地用的是木犁,犁地时农民总是随身带着一个大木槌,将又大又硬的土块砸碎。地犁完之后,拖着树枝在地里走一遍,就算是耙地。只有稍微富足一点的农民才用得起木钉耙。而播种一般都是把种子扔在犁沟里,或者干脆就是一边走一边把种子向四面八方撒过去。劳动强度很高,用种量很大,而效率极其低下,收获时产量如果能达到播种量的4倍,就算是一个好收成。菜地的种子一般是播在浅沟里,或者先用小棍捅个洞,然后把种子种下去。

塔尔曾在牛津大学学习,17岁那年未曾获得学位便不辞而别。随后3年他按照当时家境富足的青年人的习惯,前往欧洲大陆作游学旅行。回到英国后,他又在伦敦一家法律学校攻读法律,于1699年获得律师资格。但随后他放弃了在

塔尔Ⓦ

伦敦的生活，并且终身未在外谋生，而是携同他的妻子定居于其父在牛津郡经营的霍伯雷农场，从事农业生产和经营。他试验和比较了各种机械的设计方案，于1701年创制出马拉谷物条播机。使用这种条播机，种子可以笔直地播种成行，播种量可比撒播时大大减少，显著地提高了作业效率和播种质量。他的发明，为后来坚实而质量又好的大型播种机的出现打下了基础。

在田间管理上，塔尔鉴于人力中耕的不足而改用畜力中耕，又设计、制作并推广了马拉中耕机（马拉锄），用来除去田间杂草。后来他又改进、创制了具有4个犁刀的双轮犁。

在取得这一系列成绩的基础上，塔尔感到有必要进行全面总结，系统地加以阐述。1733年，塔尔在伦敦出版了《马拉农法》，全书共19章。1739年出版了最后审定本，增补了6章，共25章。依其内容大体可以分为3个部分：一是理论部分（1—4章），叙述论证植物形态、营养及栽培原理等；二是实践部分（5—18章），叙述施肥、整地、中耕、除草及病害防治等；三是农业器械部分（19—25章），叙述犁、条播机及其在小麦、芜菁等作物中的应用等。该书在塔尔逝世后曾多次再版。《马拉农法》倡导以马力条播中耕为特点的新式农法，即通称的"塔尔农法"，其主要原理为英国农业革命奠定了基础。

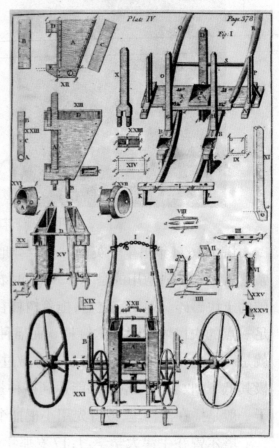

塔尔发明的条播机示意图Ⓦ

年

《授时通考》问世

　　《授时通考》是中国清代官修的全国性大型综合性农书,也是中国封建社会最后一部整体性的传统农书,于1737年开始编写,1742年编成并刻印。全书汇辑前人关于农业方面的著述,搜集古代经、史、子、集中有关农事的记载达427种之多,并配有512幅精致的插图,图文并茂,是一部古代农业百科全书。

　　《授时通考》的编写始于乾隆二年(1737年),是由乾隆皇帝本人倡议,并谕令南书房和武英殿的翰林们集体编纂的,又经过内廷词臣数十人的共同努力,至乾隆七年(1742年),这一巨著的编纂工作方告完成。全书体裁严谨,征引周详,内容丰富,涉及范围之广、篇幅之巨大,位居中国传统农书的首位。这部农书系统阐述了我国农学发展的历史,对农业科技进行了全面的总结,是一部集大成的著作。

　　为什么书名叫"授时通考"呢?该书开端的《序》文说:"孟子言,不违农时,谷不可胜食。盖民之大事在农,农之所重惟时。敬授人时,载于《尧典》。"古代历法的产生和发展,与农业的发展分不开。中国古时经常是由帝王颁布历法,要人民及时进行耕桑,这就是授时,通观古今耕桑之制,这就是通考,所以书名为"授时通考"。

　　《授时通考》共78卷,98万字,分为天时、土宜、谷种、功作、劝课、蓄聚、农余、蚕桑等8门。天时门论述农家四季的农事活动;土宜门讲辨方、物土、田制、水利等内容;谷种门记载各种农作物的性质;功作门记述从垦耕到收藏各生产环节所

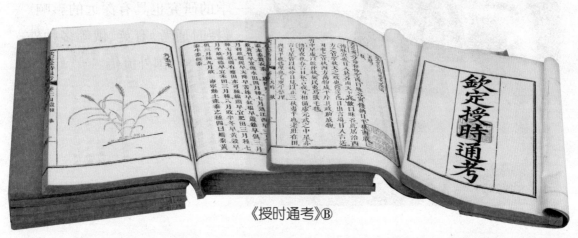

《授时通考》B

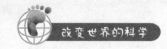

需工具和操作方法;劝课门是有关历朝重农的政令;蓄聚门论述备荒的各种制度;农余门记述大田以外的蔬菜、果木、畜牧等种种副业;蚕桑门记载养蚕缫丝等各项事宜。每一门前先是"汇考",汇辑历代有关文献,并作考释;然后再分"目"征引前人论述,介绍各地历史上的生产经验和政策等。

《授时通考》的原本,又称内府刊本,或殿本,于乾隆七年(1742年)刊行。由于该书自身所具备的许多优点,又因它是当时皇帝敕撰,由许多著名文人参加的内廷词臣班子集体编写的,故远在出版发行之初,已是名重于时的热门书。在内府刊本发行的同一天,江西书局的翻刻本即行出刊。随后更有许多翻刻本或影印本相继发行。所以虽然该书出版的时间较晚,但其流通量则遥遥领先于其他农书,乃至当时旅居中国的外国人,也对该书十分珍重,不少人把它带回本国,从而使该书在国外也有很大的声誉。

在中国历代帝王中,乾隆是一位运用文治传统较好的皇帝。他在位60年间,采取了一系列重农政策和措施,并且组织编辑了120多种图书,为中国历代帝王修书之冠。他敕令编纂《授时通考》,大兴农学,劝农稼桑,推广农业技术知识,无疑也是一种加强统治的手段。因此《授时通考》除了作为农学工具书外,还是官员督民生产的重要指导教材。

《授时通考》汇集和保存了不少宝贵的历史资料,不但对清代农林牧副渔各业生产的发展起到了指导和促进作用,而且对国内外农业生产和农业科学的研究也具有深远的影响。《授时通考》有英、俄等多种外文译本在国外流传。

乾隆Ⓦ

1760年
贝克韦尔开创家畜育种工作

贝克韦尔是英国著名的农学家,也是英国早期的家畜改良和育种学家,被认为是英国农业革命的重要人物。

贝克韦尔出生在英国莱斯特郡拉夫堡附近的一个佃农家庭。1760年,他开始系统地、科学地进行家畜改良和育种工作,成为这一方面研究的开拓者之一。他不仅率先对绵羊、牛和马进行专门改良,也对人工选择的知识作出了贡献。

贝克韦尔的主要工作是培育肉用牛和羊。他改良当地的长角牛为肉用牛;改良长粗毛的莱斯特羊,使之能产质高量多的羊肉;通过分栏计算饲料量和增长率选育出优良猪种;用荷兰马与本地马杂交选育出优良的重挽马。在家畜的改良中,他首先应用科学的育种方法,选择良种母畜,进行同质选配;又采用杂交和近亲繁育,尤其是多代的近亲交配,培育了马、牛和绵羊良种,取得明显效果。这些方法均促进了当时英国的畜牧生产,也为以后的家畜育种奠定了基础。

贝克韦尔Ⓦ

当开始进行家畜育种时,贝克韦尔自己农场里的各种家畜都是胡乱交配的,就在这种混乱不堪的遗传背景上,贝克韦尔经过不懈努力,培育出了当时世界上最好的肉用牛;培育出了饲料利用率高,生长迅速的良种猪;培育出了比一般役马行走快一倍、力量大得多的优种马;培育出了第一只真正的肉用型绵羊。此外,他还发明了一种经济实惠和别具一格的家畜后代测定方法。

贝克韦尔家畜育种家的美名传遍四海。英国国王乔治三世——臣民称他为农民乔治——曾在宫廷召见贝克韦尔,听他讲述自己的农业体系,并向皇室展示他培育的家畜良种;甚至万里之遥的俄国显贵们也风尘仆仆地前来请教。

贝克韦尔被认为是近代家畜育种的创始人,他的一些技术和方法对后来的家畜育种工作具有深远影响,人们尊称他为近代家畜育种之父。

*1784*年
扬创办《农业年刊》

阿瑟·扬是英国农业经济学家,也是18世纪英国最著名的农学家之一。他非常热心于农业科学研究,曾到英国各地和欧洲各国旅行,考察农业情况,研究各种农业生产方法,并撰写了大量有关农业的著作。

阿瑟·扬⑩

今天,我们能够知道贝克韦尔和18世纪及19世纪初叶一些科学家对于农业的伟大贡献,很大程度上要归功于阿瑟·扬的著作。据说英王乔治三世外出巡视时,总是随身携带一本扬的农业著作;美国第一任总统华盛顿和美国《独立宣言》的起草人杰斐逊也同样是他热心的读者。华盛顿曾与扬有过许多书信来往,交换农业生产的经验,请教生产实践中的具体问题。

阿瑟·扬于1763年开始从事农业经营,随后开始发表关于英格兰农业情况的权威性著作。1767年,阿瑟·扬开始考察英国、法国等地的农村,根据当地的农业状况写出了《爱尔兰游记》、《法兰西游记》等一系列的游记。在《法兰西游记》中,他记述了1789年法国资产阶级革命前夕的农业状况,是研究大革命前和大革命初城乡社会状况的宝贵资料。

1784年,阿瑟·扬创办世界上最早的农业期刊《农业年刊》,并担任主要撰稿人。这是一本月刊,每期三分之一的文章由他亲自撰写。《农业年刊》出版后非常受社会重视,甚至英王乔治三世也经常为它撰稿,提倡农业技术革新。撰稿人还包括英国化学家和氧气的发现者普里斯特利以及其他名人。《农业年刊》对英国农业的发展影响巨大,一直出版到1809年,连续发行25年之久,其中的文章最后汇集而成46卷的巨著。

阿瑟·扬是英国农业革命的先驱,对农业的研究涉及许多方面。他对农业革命理论的宣传和解释,对英国和其他国家农业革命的兴起起了极大的促进作用。

1786年
米克尔发明脱粒机

脱粒机为收割机械，是指能够将农作物籽粒与茎秆分离的机械，主要指粮食作物的收获机械。

在脱粒机发明之前，传统的脱粒方法是用连枷敲打谷物脱粒，这种农具今天仍用来给少量谷物脱粒。把一捆捆谷物放在打谷场上，用连枷捶打，这样稿秆便脱离。剩下的是混有谷壳的谷粒，然后再借助自然的风力或用风扇产生的人工风将谷壳分离开来。这样做费工费时，效率很低。苏格兰人米克尔于1786年发明的脱粒机改变了这种状况。它装有一个在滚筒上转动的木构架，木构架上安装着狭条皮带，当构架转动时，就形成了一股气流，借此

米克尔ⓦ

吹走谷物上的外壳。米克尔脱粒机的最大优点是可以利用各种动力：人力、马力、水力、蒸汽动力，因此生产效率很高。

脱粒机在美国推广非常成功，那里劳动力短缺，农业规模又很大。但在英国却并不受欢迎。因为手工打谷为农业工人提供了冬季就业的机会，所以脱粒机威胁着许多农业工人，使他们失去工作。脱粒机的广泛使用是一个世纪以后的事，而且购买脱粒机的不是农场主，而是一些帮工。这些帮工带着脱粒机，走南闯北，一家一户地招揽农活，以日计酬，出租他们的技术和脱粒机。

到20世纪早期，脱粒机经过改进之后，其结构和性能已比较完善。但这时的脱粒机和收割机还是互不相连的独立机械，在谷物收获时各自分别作业。后来，脱粒机与收割机结合为一体，便成为了联合收割机。

1881年出版的书中绘制的脱粒机ⓦ

1797 年
纽博尔德发明单面铸铁犁

同世界其他民族一样,农业也曾是美国占主导地位的产业。18世纪末美国仍有90%以上的人是农民,但今天从事农业生产的美国人已不足3%。然而就是这3%的农民生产出了世界粮食总产的五分之一,其生产的农产品不仅满足了整个国家的衣食之需,而且有大量农产品出口。

生产上的这种飞速增长固然有着多方面的原因,但农业机械化的发展是其中最直接的动因。因为生产工具既是生产力的要素,也是生产力发展水平的标志。农业机械化进程虽发轫于西欧,但最早实现于美国。到目前为止美国仍是农业机械化程度最高的国家。

美国的肥沃平原约占全国土地面积的二分之一,且土层深厚、气候适宜,为农业的发展提供了优越的自然条件。但自17世纪詹姆斯敦殖民地建立以来,一直是地广人稀。因劳力极度匮乏,农民对创制和引进新农具一开始就抱有浓厚的兴趣,希望借工具之利以同样的劳动开垦更多的土地。

17、18世纪美国农民使用的农具大多与2000年前的相差无几。虽然1701年英国的塔尔发明了条播机,但因隔洋跨海及手工业基础薄弱,使美国农民无法享受早期工业文明之利。1618年整个弗吉尼亚州只有一部耕犁,到1649年也不过150部。

18世纪美国经济的重心是农业。因此寻求新农具、新方法以改良农业生产成为许多人的工作目标,包括一些地位显赫的政界人物。如美国第一任总统华盛顿就多次托请英国农业改良的倡导者阿瑟·扬为其购买新农具。美国《独立宣

美国宾夕法尼亚州的一座农场Ⓦ

言》的起草人杰斐逊本人就以其富于创造性的智慧亲自从事农具改良，并研制出了一种播种机、一种打谷机、一种分离大麻纤维的麻梳和一种宜于山坡耕作的犁具。

耕犁作为作物种植的第一个环节很早即受到发明家的注意。当时刃部包铁的木犁是主要的耕作机具。1797年，纽博尔德把犁铧、犁壁等铸成为一个整体，从而发明了单面铸铁犁并获得专利。但是，当时的使用效果并不理想，如果犁的任何一个部分断裂，它就没法修理。1819年，伍德设计出了一架零件可以互相替换的铸铁犁并取得专利权。因其效率高，使用方便，19世纪被普遍采用。但是，无论是这种铁犁还是

美国阿拉巴马州正在犁地的佃农（1937年）Ⓦ

传统的木犁，在素有美国粮仓之称的大平原的黏土上都难显其利。这种土在翻耕时既不向后滑倒也不翻转，而是紧粘在犁刀上。1837年，两名伊利诺伊州的铁匠分别制造出用锯条钢和高光洁度的锻铁制作的犁头和模板，遂使这一难题得到解决。后来在此基础上制造出了二铧犁、三铧犁。从1930年代起，铁犁以及钢犁迅速取代木犁并被普遍采用，广泛应用于各种土壤的耕翻。

农业机械化示意图Ⓒ

收割

喷洒农药

播种

耕地

18 世纪末

诺福克轮作制在英格兰各地推行

英国是世界历史上率先实现由传统农业社会向近代工业社会转型的国家。在这一转型过程中，英国的农业革命起了重要作用。可以说，英国率先迈入经济持续增长的现代工业社会的历史起点正是这场农业革命。

农业的"革命"，首先表现在农业技术的变革上。农业技术变革的一个重要内容就是耕作制度的改革。

英国古老的耕作制度以二圃制或三圃制为主。二圃制即一部分地种谷物，另一部分地休耕，变为常年牧场。这样虽然在一定程度上可以恢复土地肥力，但却很难发挥土地的使用效率，对种植业和畜牧业的发展都不利。三圃制是指农民把土地分成三部分，进行轮作，假如第一块地某年种植小麦，则第二块土地该年种植大麦，第三块土地则当年休息，后两年三块土地上的作物轮换，三年为一个周期。这样，每年有三分之一的可耕地处于抛荒状态而没有任何收成，土地利用效率虽然较二圃制有所提高，但仍然很低。

随着芜菁和三叶草等新作物的引进，17、18世纪之交，诺福克郡开始用四圃轮栽方式取代从中世纪延续下来的三圃制或二圃制。四圃轮栽方式就是将耕地分为四区，依次种植小麦、芜菁、大麦和三叶草，四年为一个轮作周期，后来发展为多种形式的大田作物和豆科牧草轮作。这种四年轮作制因为最早在诺福克郡推广开来，所以又称为"诺福克轮作制"。

采用诺福克轮作制的试验田Ⓦ

诺福克轮作制不仅避免了土地的休耕状态,同时也解决了土壤肥力的积累以及冬春季的牧草问题。饲料不仅肥了牲口,而且通过牲口转化为大量的粪肥,提高了地力,增加了谷物产量。芜菁是中耕作物,它便于消灭杂草,在一定程度上可代替休闲地的作用,还可提供重要的冬季饲料。三叶草和其他豆科牧草,既可用其根瘤固氮培养地力,又为牲畜提供优质饲料。不仅有利于扩大畜群,也便于改放牧为舍饲。舍饲既能有效地收集厩肥,增进田间肥力,也有助于推动家畜品种改良工作,从而显著地提高家畜的体质和生产性能。

这种轮作制解决了保持土壤肥力和提高生产效率的两难问题,促进了粮食产量的提高和畜牧业的发展,因此是一大进步。但由于英国各地区农耕业差异颇大,全国各地的土质也有较大差异,在黏土地带,耕作比较困难,生产成本高,所以休耕制、二作一休的三圃制存在时间较长,诺福克轮作制最初主要在英格兰的东部和南部流行,普及到全国的速度非常缓慢。

约1770年,诺福克轮作制在诺福克郡又一次掀起新的改革浪潮,即在农场中运用了改进的新式播种机,它比塔尔的马拉条播机先进许多,可以用于播种所有谷物、牧草及根菜类种子。到了18世纪末,诺福克郡各地的农场,基本上都已推行了四圃轮栽式的土地利用方式,该方式开始在英格兰各地推行,诺福克郡从而取得了有"农业革命"之称的改革历程中的核心地位。

诺福克轮作制之后在欧洲大陆一些国家得到推广普及,受到普遍赞誉,因而不只对当时的英国,后来甚至对整个欧洲都产生了深远的影响。

英国的一座牧场 诺福克轮作制的推行促进了畜牧业的发展。Ⓦ

约18世纪末
欧洲农业革命开始

在欧洲近代经济发展史上具有特殊重要意义的农业革命,主要是指大约18世纪末至19世纪中叶,欧洲在农业生产技术领域发生的巨大变革。这场农业革命,使欧洲的农业生产发生了中世纪以来的最大飞跃,为产业革命,从而也为后来的农业技术质态转变奠定了基础。

19世纪西欧农民劳动生活场景Ⓦ

这场农业革命主要表现在:

推行作物轮作制:作物连续轮栽是农业技术变革的重要内容。科学的轮作制首先遍及英国,进而兴盛于德、法等欧洲国家。这个制度通过种植不同作物以保持和恢复地力;还包括种植饲料,以扩大牲畜饲养,从而增加了肥源。农耕与畜牧有机结合最后消灭了休耕地。

新作物的引种和推广:种植新作物在很大程度上是实行轮作制的直接结果。当时在欧洲大部分地区种植的新品种中,主要有芜菁、三叶草、胡萝卜、马铃薯等作物。

传统农具的改进和引进新农具:首先是对犁的改进,改进犁的结构和增加铁的使用,其他革新产物有长柄镰刀、播种机和马拉锄等。扩大使用马匹耕种,使耕种速度超过牛力牵引速度的50%。

选择良种和改良畜种:开始了作物选种和培养优良畜种,从而使肉产量和奶产量有了迅速增加。

耕地的扩大和改良:土地开垦速度加快,特别是湿地排水法开始引进或广泛使用。1820—1880年期间,欧洲耕地面积从1.47亿公顷迅速增长为2.21亿公顷。

以后的革新主要包括新式农业机器、使用非畜力的牵引机和化学肥料。农具的改进和肥料的增加,使欧洲农业在19世纪中期发展较快。不过,农业机械的发明和应用热潮已经由英国转向美国,农业的半机械化和机械化首先在美国发展起来。

1809—1812 年
泰尔《合理农业原理》刊行

　　1809—1812年刊行的《合理农业原理》是近代农学理论的开创性著作之一，涉及农业经营和农业各学科，其作者是被誉为近代农业经济学奠基人的德国农学家泰尔。

　　泰尔曾在1789—1804年刊行过三卷本的《英国农业》，这本书使他在关心农业的人们中间获得了很高的声誉。1797年他加入英国的农业改良会成为海外会员。1804年他建立了普鲁士的第一所农业学校并承担教学任务，1810—1819年兼任柏林大学教授，此外还积极参与农业改革的社会活动。

泰尔ⓦ

　　在《合理农业原理》一书中，泰尔把农业经营分成机械的、技巧的和科学的三个类型，强调只有科学的才是合理的，而合理的农业应当是"一个营利性的活动，它是通过植物性和动物性物质的生产（通常还包括加工）来产生利润，或是以取得货币为目的，这个利润愈是能够保持连续的高水平，就说明这个目的愈益完善"。书中认为，农业科学应该建立在经验的基础上，而获得经验的手段，除了观察还有实验。实验是为了回答自然提出的疑问，如果实验合理就能作出正确的回答。书中强调合理的农业应该是科学的农业，不仅在方法上要采用实验手段，在内容上也要吸收自然科学和社会科学两个方面的积极成果。泰尔在当时认为合理的农业就是已经在英国盛行的四圃轮栽式农业，因为它不仅符合科学原理，而且收益也是最大的，所以在德国当时的农业变革过程中，就应该以之取代三圃制农业。书中说明农学应该借助于自然科学和社会科学两大学科体系，还具体指出农业的辅助学科（即基础学科）有物理学、化学、植物生理学、植物学及动物学、数学，特别是应用数学也是十分重要的。

德国1929年纸币上的泰尔像ⓦ

1831年
麦考密克发明收割机

18世纪末,当工业革命在美国东北部起步时,西进运动也刚刚开始。由于西部地区地广人稀,劳动力奇缺,加之西部的地理环境也适合机械化大农业生产,因此,西进运动推动美国农业较早地实现了机械化。农业机械化是美国近代和现代农业革命最重要的内容之一,对美国农业发展起着十分重要的作用。

1831年,美国工业家和发明家麦考密克研制出用两匹马牵引的收割机,并于1834年取得专利。这台机器基本具备了后来一切收割机的重要部件,收割速度比人工快3倍,并由此引发了美国的农业革命。

16世纪西方画家笔下的收割者 ⓦ

麦考密克出生在美国弗吉尼亚州,他的父亲是一个农场主,平时爱搞些农业机械的小发明。麦考密克自幼便经常与父亲一起干活,因而在机器制造上获得了丰富的经验。麦考密克发明收割机时年仅22岁。1831年7月一个炎热的日子里,麦考密克带着他自制的收割机,来到邻居斯蒂尔的燕麦地里,一口气收割了6英亩(约为2.4万平方米)的燕麦。自从人类第一次驯化植物以来,还没有一个人能在如此短的时间内收割这样多的庄稼,没有一个人能在不挥舞镰刀,不低头弯腰的情况下如此轻松地收获农作物。

1847 年,麦考密克在芝加哥市建立工厂,开始大规模生产收割机。麦考密克发明的收割机很快风靡美国,后来又通过各种博览会推销到欧洲。法国科学院赞扬麦考密克"对农业作出了超过一切人的最大贡献"。后来,麦考密克的子孙在他的基础上合并了其他公司,于1902年组成国际收割机公司,成为世界农机制造业最大的公司。

麦考密克Ⓦ

麦考密克并不是探索制造收割机械的第一人。在近代史上,从1786—1831年,共记载着32台英国造、2台美国造、2台法国造和1台德国造的收割机械曾在庄稼地里做过试验。然而,所有这些机器没有一台是成功的。尽管麦考密克收割机的每一种基本部件在这些试制的收割机中都有不同的运用,但是唯有麦考密克将所有这些基本部件组合在一起,并使它们发挥出各自的作用。

1833年,美国工程师赫西发明了另一类型的收割机,经过 1847 年的改进之后,该机器在割草以及加工干草方面的性能甚至比麦考密克的收割机要好很

1884年的麦考密克收割机Ⓦ

多。不过很可惜,赫西没有麦考密克庞大的公司运作体系,同时也没有敏感的商业嗅觉,并未将他的设计付诸大规模生产。因此,在1851年的伦敦万国博览会以及1855年的巴黎世界博览会上,麦考密克收割机均位于显著的展览位置,大出风头。随后,在1867年的巴黎世界博览会和1873年的维也纳世界博览会上,经过多次改进的麦考密克收割机开始使用柴油机作为驱动,收割效率得到极大提高,能一次完成收割、脱粒、分离、清洗过程,得到清洁的谷粒。

现代的联合收割机©

收割机的发明极大地提高了农民的劳动生产率,也把农民从繁重的体力劳动中解放出来,使他们有更多的精力去从事其他的工作,对美国历史产生了深远的影响。如今,遍布全球的收割机已经成为农业生产必不可少的工具,并且朝着智能化程度更高、工作效率更高、更加经济型方向发展。

1834年
布森戈创办首个农事试验场

法国农业化学家布森戈是农业化学的奠基人之一,他建立了植物氮素营养学说,并于1834年在自己的庄园里创办了世界上最早的、以其名字命名的农事试验场。

布森戈生于巴黎,早年生活在南美。回法国后,在里昂大学任化学教授,之后转任巴黎索邦大学农业化学和分析化学教授。布森戈写了许多有名的论文,他的主要著作《农学、农业化学和生理学》被译成许多国家的文字,至今仍受到高度的重视。布森戈通过对氮素营养的研究,证明了氮对于生命的极端重要性。为了给施肥提供依据,布森戈分析了各种肥料的化学成分,并绘制成图表。他测定了作物从土壤中吸收的磷酸、钾、石灰和其他无机物的数量,并

布森戈

换算成相当的肥料数量。他以氮为标准,测定各种牧草的营养价值,比较不同饲料的效果,研究食物被家畜消化后化学成分上的变化。这是早期家畜营养学方面难得的研究。布森戈还对不同食物中的氮含量、不同品种小麦中谷蛋白的含量、植物叶子的功能等做了卓有成效的研究。

布森戈从事过多种科学研究,但他在科学事业上的最大贡献在于他将化学运用在农业方面,他是世界上第一个将化学从实验室搬到田野和马厩中,从而使农业化学发展成为真正的试验科学的人。1834年,布森戈在自己的庄园里创办了农事试验场,以自己多半生的精力从事着一系列严谨而又大胆的农业化学研究。他分析牲畜的饲料,收集和化验牲畜粪便;他采用清洗、过筛、过滤和实验的方法研究土壤的化学成分;他将农作物的植株称重、晾干,然后烧成灰烬,以此研究农作物对无机物质的需求……他利用试管在土壤和牲畜研究方面所取得的伟大成就,对于世界各国建立试验农场有着巨大的影响。

1840年
李比希《化学在农业及生理学上的应用》出版

李比希是一个伟大的化学家,他一生在有机化学、农业化学、生物化学、应用化学及化学教育方面都作出了突出贡献,并特别重视解决农业生产实践问题。他把化学应用到农业上,提出了植物的矿质营养学说和归还学说,奠定了农业化学的基础,被称为农业化学之父。李比希在1840年出版的《化学在农业及生理学上的应用》一书,是农业化学的经典论著,对农业革命产生了很大影响。

李比希Ⓦ

李比希1803年出生于德国的达姆斯塔特。他的父亲是一位经营药物、燃料及化学试剂的商人,在父亲的影响下,李比希小小年纪就对化学实验产生了浓厚兴趣。他在中学求学期间还当过药店学徒,后因打工间隙在自己房间内搞实验,用药过量引起爆炸而被辞退。每当李比希回忆起往事时,他都深有感触地说:"童年的化学实验,激发了我的想象力和对化学的热爱。"

1822年,李比希前往当时仍是科学活动和化学活动中心的法国,开始了影响他一生的求学经历。在当时法国著名科学家云集的索邦大学,李比希亲耳聆听了许多著名科学家的讲演,并在著名学者洪堡的引荐下,获得了法国一流化学家盖·吕萨克的直接指导,在其一流的实验室中从事化学学习与研究。1824年,21岁的李比希学成回国,又由于受到洪堡的推荐,担任了吉森大学的编外化学教授,第二年就任正教授。他在这里从事了28年的教学和研究,不仅发现了一些新的化合物,写出了许多重要论著,还建立了德国第一个系统地进行实际训练的化学实验室,培养了一批杰出的化学人才,形成了化学界著名的吉森学派。

李比希所写的许多论著中,影响最大的是1840年出版的《化学在农业及生理学上的应用》一书。100多年以来,这本书被译成30多种文字,在世界上广为流传。1940年,在该书出版100周年之际,美国科学促进会专门召开了纪念会,

李比希邮票ⓦ

出版了纪念专集,对这本书作了极高的评价,称:"100年来,从来没有一本化学文献在农业科学革命方面比这本划时代的文献起过更大的作用。"

在该书中,李比希科学地论证了土壤的肥力问题,强调无机质肥料——人造化肥对农业发展的重要性,这在科学史上还是第一次。李比希否定了当时盛行的腐殖质营养学说,提出了矿质营养学说和归还学说。他指出腐殖质是在地球上有了植物以后才出现的,因此植物的原始养分只能是矿物质;植物以不同方式从土壤中吸收矿质养分,要彻底保持地力必须首先把土壤中最缺乏的养分归还,因为作物的产量是受数量最少的养分所制约的。他用实验方法证明:植物生长需要碳酸、氨、氧化镁、磷、硝酸以及钾、钠和铁的化合物等无机物;人和动物的排泄物只有转变为碳酸、氨和硝酸等才能被植物吸收。这些观点是近代农业化学的基础。

在这本书中,李比希还通过对中、日、英、德等国农业经营方式的比较研究,把当时仍然利用自然有机肥的中国和日本称为合理农业的模范。他提出的植物矿质营养学说和归还学说,为化肥的发明与应用奠定了理论基础,促进了化学肥料工业的迅速发展。

作为杰出的科学家,李比希的思想影响了一代又一代科技工作者。他曾经

李比希在吉森的实验室ⓦ

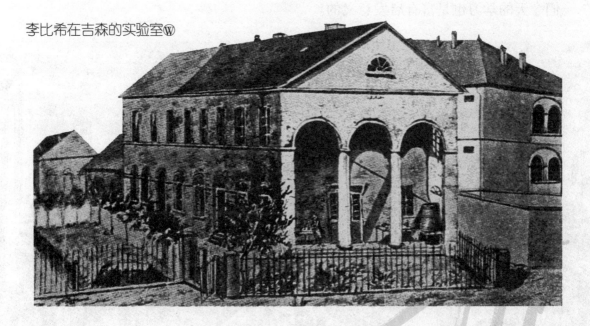

对学生说："你们应当首先为祖国和追求科学真理而努力，然后其余的东西就都是属于你们的了。"这正是他一生科学思想的真实写照。回顾李比希的卓越贡献，除了他的丰功伟业，更令我们感到敬仰的是他对待科学的求真态度，我们可以从一个小故事中感受到他这一可贵的品质：

1824年，法国化学家巴拉尔通过实验发现了一种新元素溴。当李比希看到巴拉尔的报告后，不禁懊恼万分。原来几年前，曾经有人请他分析鉴定一瓶海藻灰母液的化学成分。经过一番处理，李比希从中提出了某些盐类，他又将剩下的母液与氯水混合，再加一点淀粉试剂，母液立即呈现蓝色。这说明母液中含有碘化物，当它与氯水作用时，碘被置换出来了。当时他把这瓶溶液放在了一边。第二天一早，李比希又拿起这瓶溶液来看，发现在蓝色的含碘溶液上面，还有一层少量的棕色液体。这一层溶液是什么东西呢？他并没有进一步深入研究，而是想当然地断定它是氯化碘。因为当时还并不知道有溴元素的存在，而氯又能与碘生成红或黄的氯化碘。就这样，李比希与一个新元素的发现失之交臂。为了永生不忘这一深刻的教训，他特地把当时贴在瓶上的"氯化碘"标签揭下来，很好地保存起来，作为一个错误的见证。李比希不仅用这标签作警句来鞭策自己，同时也用它来告诫自己的学生，希望他们在实验中不要重蹈自己的错误。李比希在自传里谈到这件事的时候写道："从那以后，除非有绝对可靠的实验事实为依据，我再也不凭空自造理论了。"

在科学事实面前，李比希并不回避自己的错误，这种实事求是的态度对于我们今天的学习也是富有启发意义的。

李比希化学实验室Ⓦ

1841年
法正林理论发展为完整学说

　　随着生产发展和科学技术的进步，人们认识到：森林的作用已渗透到人类社会生活各个领域。除了提供木材和各种林副产品之外，还有保护生态环境，保障农牧业生产的作用，因此，森林永续利用，已成为各国共同关注的问题。

　　法正林（normal forest）就是理想的森林，或标准的森林，是指实现永续利用的一种古典理想森林。这种森林是在各个部分都达到和保持着完美的程度，能满足完全和永续利用的经营目的。

　　这种森林永续利用理论可以追溯到17世纪中叶。1669年，法国率先颁布了《森林与水法令》，木材的极限和永恒生产首次被列入国家法规。1713年，德国森林永续利用理论的创始人卡洛维茨首先提出了森林永续利用原则，提出了人工造林思想。这一理论的出现也为近代林业的兴起与发展拉开了序幕。1826年，洪德斯哈根在总结前人经验的基础上创立了法正林学说，建立了森林永续利用的理论基础。1841年，德国森林科学家海尔对这个学说作了进一步补充，使法正林理论发展成为一个完整的学说。

　　森林永续利用的法正林思想的诞生，表明人类具有恢复森林的能力，人工林的营造和经营使人类不再纯粹依靠原始森林获得木材，缓解了当时的木材供需矛盾。但是，以追求经济利益为主的木材永续利用，导致大批同龄针叶纯林的出现，造成地力严重衰退，破坏了森林的生态结构，这是目前造成生态危机的根源之一。

1842年

劳斯生产过磷酸钙，开创化学肥料工业时代

在农业生产中施用肥料(主要是施用有机肥料,也施用一些天然的无机肥料如石膏、硫黄)已经有数千年的历史,但人们开始施用人工化学合成的无机肥料,并把施肥真正建立在科学基础上,使之有突飞猛进的发展,却只有170多年的历史,这是以李比希1840年提出的植物矿质营养学说和1842年劳斯成功生产出首批过磷酸钙为标志的。

劳斯Ⓦ

化肥发展的顺序是磷肥最早,钾肥次之,氮肥最后。用硫酸处理骨粉大约始于1830年。1842年,英国农学家劳斯在长期试验研究施肥对盆栽植物及大田作物的效果之后,成功地用硫酸处理磷矿石生产出过磷酸钙,并获得专利。同年他开设了第一座用骨粉和硫酸生产过磷酸钙的肥料厂,从而开创了化学肥料工业时代。

劳斯年轻时对化学颇感兴趣,由于他生活在农村,所以首先想到运用化学知识为农业生产服务。劳斯自1838年开始做研究工作,研究项目逐年增加,研究内容也越来越复杂,再加上繁忙的工厂事务,使他很快感到应接不暇,有点顾此失彼。因此,他在1843年雇用化学家吉尔伯特作为自己的助手。他们共同研究各种肥料对作物的肥效,还研究动物营养,包括各种饲料的营养价值以及牲畜长膘的营养来源。他们的合作持续了50多年。

吉尔伯特Ⓦ

氮肥、磷肥、钾肥这类只含有一种作物营养元素

化肥的作用　化肥能有效促进农作物的生长,图为使用化肥(左)和未使用化肥(右)的两块小麦田的对比。©

的肥料,被称为单元肥料。随着土壤肥料学和农业施肥技术的发展,要求能根据土壤类型、肥力水平、作物种类和气候条件等因素,同时施用多种肥料,为此产生了复合肥料。1950年代以后,复合肥料发展十分迅速。随着农业大发展,大量使用化肥也会带来一些副作用。为了保持农业生态平衡,应提倡有机肥料和化学肥料合理配合使用,并发展生物肥料等肥料新品种。

施肥机Ⓦ

1843年
劳斯创立罗桑试验站

　　英国罗桑试验站是一所综合性农业研究机构,是世界上最古老的农业研究站,被称为"现代农业科学发源地"。该站于1843年由英国农学家劳斯私人出资创建,总部坐落在伦敦北部哈彭登镇附近的罗桑庄园上。1911年起除私人捐助基金外,由英国政府每年定期拨款资助。

　　在过去的100多年里,这个试验站一直向英国以及世界各国的农民提供关于土壤、肥料、作物、气候和营养方面的实用资料。罗桑(Rothamsted)这个名称据说取自古老的撒克逊语,意思是"白嘴鸦之家"。传说白嘴鸦是乌鸦族中最爱"打破沙锅问到底"的,因此,这个名称是赞誉那些喜欢追根究底的科学家的,因为他们的刻苦钻研使农业的面貌得以改观。用这个名称命名试验站,是希望科学家们能以白嘴鸦的精神来从事研究工作。

　　罗桑试验站的创立人劳斯与另一位化学家吉尔伯特密切合作达57年之久。当他们开始在一起工作时,劳斯29岁,吉尔伯特26岁。他们之间建立了一种迄今所知时间最长、最有成效的科学合作关系,直到劳斯1900年逝世为止,他们一直在罗桑试验站密切合作进行研究。劳斯每周在伦敦的工厂里工作两天,赚回的钱资助罗桑试验站耗费很大的试验工作。在其余的时间里,他与吉尔伯特一起从事科学研究。吉尔伯特与劳斯的合作从一开始就十分融洽。劳斯负责田间试验,而吉尔伯特在实验室进行分析,然后,他们共同对结果作出判断。他们的辛勤劳动积累了无数的资料,他们的试验方法为世界各国所普遍效仿。

罗桑试验站❶

罗桑试验站驰名世界，其重要原因之一是拥有一个历时100多年的施肥小区试验地。在1843—1856年期间，劳斯和吉尔伯特设计了9块长期施肥试验地，除1878年放弃一块以外，其他8块地的试验方案在漫长的岁月中有的虽有所变化，但有的从1852年以后，一直按原方案坚持试验。他们保存了历年的土壤、肥料与农作物样品，有的已用作现代"无污染标准"物质。还有一块0.2公顷的荒地从1882年圈起以后一直进行观察研究。这块地开始时种植小麦，不施肥，并让小麦与野生植物共同生长，自由竞争。4年以后，小麦植株所剩无几，而且很难看出是一个栽培品种。后来这块地一半逐步变成了林地，另一半则有意砍除乔灌植物，让杂草生长直到现在。目前，罗桑经典试验地的试验作物有小麦、大麦、马铃薯、萝卜、芜菁、甜菜、牧草和杂草等。施肥品种有厩肥和氮、磷、钾、钠、镁、硅酸盐化肥。通过比较这些试验地产量的变化可以给人以许多有益的启示。

罗桑试验站的历任站长多为著名土壤学家，建站初期主要进行土壤肥料方面的田间试验，以后研究范围不断扩大，包括连作对土壤结构、土壤肥力、微生物区系的影响，不同肥料对土壤发育和植物发育的影响等。1970年代以来，开始对冬小麦、油菜等进行多学科研究，研究课题涉及土壤生物学、土壤化学和土壤植物营养、土壤矿物学等领域，是世界上进行土壤肥料试验最早和最有影响的研究中心之一。罗桑试验站现在已经发展为一个多学科的农业研究体系，拥有一批农业科研领域的精英人才、世界一流的实验室设备，更是以其在许多农业领域，尤其是可持续农业和环境科学方面领先的科学地位而闻名于世。

第二次世界大战后，罗桑试验站还大力开展国际培训和教育项目，每年都接受来自发展中国家的技术人员来试验站学习、研究，开展合作项目，以此推广试验站的科研成果，改善全球的农业和生态环境。

罗桑试验站的试验田Ⓦ

1853年
白蜡虫由中国引入英国

大家对蜡一定都不陌生，它在我们的日常生活中使用非常广泛，例如蜡烛、蜡纸、蜡笔、蜡制模型、丸药的蜡壳以及瓶子的封口蜡等。但是你知道吗？在近代石油蜡开启之前，中国古代使用的一种特殊的动物蜡长期在世界上独放异彩，它就是有"中国蜡"之称的虫白蜡。

19世纪西方画作中手持蜡烛的年轻人Ⓦ

昆虫蜡是中国古代用蜡的主要来源，即蜂蜡和虫白蜡。蜂蜡是工蜂的分泌物，又称蜜蜡，因为色黄，唐代以后习称黄蜡。虫白蜡是白蜡虫的分泌物，因为色白，习称白蜡。虫白蜡是中国的特产，在历史上中国是唯一能产白蜡的国家，所以西方直称其名为"中国蜡"。

白蜡虫俗称蜡虫，原产地在中国西南地区，是中国特有的养殖昆虫。中国是最早利用白蜡虫和白蜡的国家，公元3世纪前后已有自白蜡虫收蜡的记载。但此白蜡可能还是天然产出而不是养殖采收的，后来人们在了解并掌握白蜡虫的生活史和生态习性后，开始对其逐步进行养殖，约于公元9世纪前开始放养白蜡虫，宋、元间已有翔实

的文献记载,其饲养范围已自华北、淮河一带扩展到了江南,饲养技术也已相当成熟,白蜡虫逐渐成为一种重要的经济养殖昆虫。

中国古代劳动人民对白蜡的利用十分广泛,如"斑缬"是一种中国传统手工蜡染印花布,以西南少数民族妇女最擅长,普及于西南广大地区,是妇女们的基本服饰布料;明代时白蜡已经取代黄蜡用于制蜡烛。

欧洲人最先知道中国有白蜡虫的是耶稣会传教士金尼阁,他在明朝末年来到中国,当时中国人照明用的蜡烛——"白蜡"引起了他的极

中国苗族蜡染布①

大兴趣。据金尼阁记述,白蜡不同于欧洲使用的任何一种照明材料,"与我们使用的羊油烛、蜂蜡烛相比,白蜡显然要清洁、高雅得多……羊油烛腥膻难闻,燃烧时黑烟腾腾;蜂蜡烛虽没有异味,但颜色却发黄、发黑,火焰也不够明亮。当然,它们都不及白蜡。"让金尼阁颇感好奇的"白蜡"在200多年后传入欧洲,1853年,英国传教士雒魏林从上海将白蜡的样品连同白蜡虫送到英国以供研究。德国地理学家李希霍芬曾在中国实地考察,深入各地,绘有中国最早的现代地质图,他于1872年在四川学到取白蜡的方法,记载在他的旅行的书信中。

初期东西方的白蜡贸易可能经日本转口,因为当时的欧洲人认为日本也是白蜡生产国,而且以为白蜡是由一种树木所产,是一种"植物蜡"。后来经过在华耶稣会传教士的介绍和欧洲昆虫学者的研究,始弄清楚白蜡由昆虫所产,因来自中国,特称为"中国蜡"。

白蜡虫是中国特产资源昆虫之一,收取白蜡是中国劳动人民对昆虫认识和利用的一项重大贡献。至今放养白蜡虫与生产白蜡仍然是中国西南各省农村、山区的重要副业。

1860年
德国进行滴灌试验

灌溉的历史可以追溯到人类产生时期,最初人们采用大水漫灌、沟灌,而后模仿降雨过程发明了喷灌。滴灌则是在1960年代兴起的一种全新的灌溉技术。

滴灌是利用特定管道,将水通过管上的孔口或滴头送到作物根部进行局部灌溉,以水滴形式向土壤供水,满足作物需水要求的灌溉方法。通常利用低压管道系统将水或连同溶于水的化肥均匀而缓慢地滴在作物根部附近的土壤。

由于全球水资源短缺,节水灌溉已经越来越引起人们的关注。滴灌是当今世界上节水效果较好的一种灌溉方式,可适用于果树、蔬菜、经济作物以及温室大棚灌溉,在干旱缺水的地方也可用于大田作物灌溉。滴灌的重要特征之一是:它是一种点灌溉法,不是面灌溉,通过带有滴头的滴管网络,水和肥料直接到达作物根区,水从滴头处一滴一滴地流出来。

与其他灌溉方法(如喷灌、漫灌)相比,滴灌具有许多优点。首先,滴灌具有更高的节水增产效果,是目前干旱缺水地区最有效的一种节水灌溉方式,水的利用率可达95%,同时可以结合施肥,提高肥效一倍以上。其次,采用其他灌溉方法灌溉之后,土壤完全饱和,只有少量空气能存于土壤中;采用滴灌,只有小区域土壤饱和,植物根系可以吸收更多的空气,还可以减轻二氧化碳在大气中的释放。再次,采用滴灌不会弄湿叶面,这样不仅可以防止一些叶面病的发生,而且不会把杀虫剂冲掉,因而可以用少量的化学药品提高产量和质量,延长作物生长期。此外,滴灌还使低质水(污水、咸水)灌溉成为可能,在大多数情况下,低质水

漫灌

滴灌①

滴灌⑩

不能用于喷灌,但在滴灌下却可以取得很好的效果,许多盐碱地只有用滴灌才能取得好收成。

滴灌是由地下灌溉演变而来的。1860年,德国首先开始进行滴灌技术试验,当时主要是利用排水瓦管进行地下渗灌试验,结果发现可使种植在贫瘠土壤上的作物产量成倍增加,这项试验连续进行了20多年。1920年在水的出流方面实现了一次突破,科学家研制出了带有微孔的陶瓷管,使水沿管道输送时从孔眼流入土壤。1923年苏联和法国也进行了类似的试验。荷兰、英国首先应用这种灌溉方法灌溉温室中的花卉和蔬菜。第二次世界大战以后,塑料工业迅速发展,出现了各种塑料管。由于它易于穿孔和连接,且价格低廉,使灌溉系统在技术上实现了第二次突破,成为今天所广泛采用的形式。

1950年代后期,又研制成功长流道管式滴头,在滴灌技术的发展中迈出了重要的一步。1960年代以来,滴灌作为新型的灌溉方式,在干旱缺雨的国家得到较快的发展,主要用于灌溉果树、蔬菜等经济作物。1970年代以来,以色列等许多国家对滴灌开始重视,滴灌得到了快速发展,获得了广泛的应用。在地球水资源日趋紧张的今天,滴灌是一项大有潜力、值得大力推广的先进灌溉技术。

喷灌⑩

1860年
穆拉建成沼气发生器

也许你已经注意到,在沼泽地、污水沟或粪池里,经常会有气泡冒出来,如果我们划着火柴,就可把它点燃,这种可以燃烧的气体就是自然界天然产生的沼气。

沼气是有机物在厌氧条件下经微生物分解发酵而生成的一种可燃性气体,由于这种气体首先在沼泽地被发现,故名沼气。沼气是多种气体的混合物,一般含甲烷50%—70%,其余为二氧化碳和少量的氮、氢和硫化氢等。

我们在农村经常可以看到许多生物质的废弃物,如人畜粪便、秸秆、杂草以及不能食用的果蔬等,将这些废弃物收集起来,经过细菌发酵就可以产生沼气。沼气除直接燃烧用来炒菜做饭、烘干农副产品、供暖、照明和气焊等外,也可发电用作农机动力,以及用来生产甲醇、福尔马林等化工原料。沼气具有很高的热值,1立方米的沼气大约相当于1.2千克的煤或者0.7千克的汽油,可以供一辆载重3吨的卡车行驶约2.8千米。人工产生沼气不仅能解决农村能源问题,而且经沼气装置发酵后排出的料液和沉渣,含有较丰富的营养物质,可用作肥料和饲

瑞典一辆使用沼气燃料的巴士Ⓦ

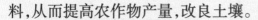

料,从而提高农作物产量,改良土壤。

此外,沼气燃烧后生成二氧化碳和水,不污染空气,不危害农作物和人畜健康;生产沼气的原料本身就是各种废弃物,用来生产沼气后可以大大减少垃圾的数量;同时,沼气的燃料效率比秸秆高5—6倍,通过发酵转换以后,可以节约很大一部分燃料,也相应地减少了污染。因此,利用生物质废弃物生产沼气,既可以提高能源的利用效率,又可以减少对环境的污染。

人类发现和利用沼气已有悠久的历史。据记载,在公元前10世纪的亚述和公元16世纪的波斯,沼气就曾经被用来加热洗澡水。17世纪,比利时化学家、生理学家海耳蒙特发现,腐烂的有机物质能够产生一种可燃性气体。1776年,意大利物理学家伏打发现沼泽地里有可燃烧的气体,他从实验角度研究了沼泽地产生的沼气并首次提取了纯的甲烷,他推断该可燃气体与沼泽沉积物中植物的腐烂有关。1808年,英国化学家戴维断定,在牛粪厌氧发酵过程中产生的气体里含有沼气。1860年,法国人穆拉将简易沉淀池改进而成世界上第一个沼气发生器(又称自动净化器),拉开了人类研究和利用沼气的序幕。1895年,厌氧发酵技术传到了英国,埃克塞特市通过污水处理产生沼气,用来点亮路灯。1925年在德国、1926年在美国分别建造了备有加热设施及集气装置的消化池,这是现代大、中型沼气发生装置的原型。第二次世界大战后,沼气发酵技术曾在西欧一些国家得到发展,但由于廉价的石油大量涌入市场而受到影响。后来随着世界性能源危机的出现,沼气又重新引起人们重视。

近几十年来,沼气发酵技术已被广泛用于处理农业、工业以及人类生活中的各种有机废弃物并制取沼气,为人类生产和生活提供了丰富的可再生能源。随着农村沼气使用的日益推广和大型厌氧工程技术的进步,1990年代以来,世界范围内的一些大型沼气工程有了迅速发展。

沼气厂

1869年

诺贝建立世界上第一个种子检验室

种子检验是指以仪器或感官鉴别作物种子品质的操作程序和方法。检验结果按统一标准分级后,可据以确定种子在生产上的使用价值,并为贮藏、运输、推广销售和引种交换等提供科学依据。种子检验是保证作物种子具有优良品质的必要手段和实现种子标准化的根本措施。

种子检验是伴随着种子交易的出现而出现,随着种子科技的发展而发展的。19世纪上半叶,随着工业化、城市化和医疗技术的发展,欧洲人口迅速增长,导致对食品的大量需求,从而对种子的需求量也急剧增加。由于当时种子生产和贸易的各个环节都是由私人完成,因此种子经营中的欺诈行为非常普遍,不法商贩唯利是图,贩卖伪劣种子的事件时有发生,给农业生产造成损失。为了维护种子贸易的正常开展,当时许多欧洲国家都颁布了特殊的刑法,但是情况并没有因此而得到改善。

1869年,种子学的创始人、德国农业化学家和植物学家诺贝发表了著名的"农业种子管理条例",提出了全新的观点来解决这一问题。按照他的观点,(与种子有关的)刑法不适合运用在作为生物材料的种子上,因为当付诸法律程序时,要么播种季节已经过去,要么所有种子已经用完或劣变老化,要么收获和加工已经完成,要么有关种子的记录不完全或丢失等。而为了保证种子的质量,必须在事前采取防范性的措施,即在种子进入市场前以及在流通过程中对其进行扦样并送到官方实验室进行检验,记录并发布结果。同年,他在德国建立了世界上第一所种子检验实验室,开展种子真实性、净度和发芽率等种子质量特性检验工作。

种子孕育着生命Ⓨ

2010年上海世博会英国馆"种子圣殿"亚克力杆内的各种种子①

　　尔后,为增加和传播种子及种子技术知识,诺贝于1875年在奥地利的格拉茨主持召开了第一届欧洲种子检验站站长会议,会上制定了世界上第一个种子检验规程的草案。1876年,在总结前人工作经验和自己的研究成果的基础上,他编写出版了著名的《种子学手册》,标志着种子检验科学的诞生,并提出了"种子检验一致性"的口号,该口号后来成为国际种子检验协会(ISTA)的座右铭。诺贝的观点和措施取得了巨大成功,在他的影响下,许多国家相继建立了种子检验专门机构。诺贝被公认为种子科学和种子检验的创始人,现代的种子认证制度和质量控制体系就是由他的观点发展而来。

　　种子检验的国际协作是1906年在德国汉堡举行的第一次国际种子检验会议上初步商定的。1921年在丹麦哥本哈根召开的第三次种子检验会议上成立了欧洲种子检验协会。1924年,在英国剑桥举行的第四次国际种子检验会议决定将欧洲种子检验协会的活动范围扩展到所有的国家,并正式将其改名为国际种子检验协会(ISTA),这是各国政府对国际贸易的种子谋求统一检验方法的国际组织。1931年ISTA颁发了世界上第一部国际种子检验规程,促进了国际种子的贸易和交流。

1870—1926年
伯班克培育多个植物新品种

100多年前,在美国加利福利亚州两个小小的农场里,生长着许多奇异的植物新品种,培育这些奇树异果的人就是有"植物魔术师"之称的美国植物育种家伯班克。

伯班克Ⓦ

伯班克是世界上最著名的植物育种家之一,他一生培育了大量的果树、蔬菜、花卉、林木以及其他农作物新品种,为人类创造了巨大的财富。他的育种活动促使植物育种发展成为现代科学,并给遗传学研究提供了宝贵的帮助。

伯班克于1849年出生在美国东部马萨诸塞州,父亲是一位农场主。伯班克在父亲的农场里度过了童年时代,从小就对大自然很感兴趣。达尔文的《物种起源》出版后,引起社会热议,伯班克被书中提出的进化论学说深深吸引,看出了它所能开辟的广阔前景,决定尝试在它的指导下培育植物。1870年伯班克21岁时,培育出了一个丰产的马铃薯新品种,这是他培育的第一个优良品种,后来被人们命名为"伯班克马铃薯",在世界各国得到大量推广。

为了有更好的育种环境,伯班克来到加利福尼亚州,创建了一个小苗圃,开始培育果树苗。随着事业的发展,伯班克买下了圣罗萨谷地正中央一块贫瘠的土地,把它改造为肥沃的农场。1885年,他在距离圣罗萨不远的塞巴斯托堡又买下一个农场,作为实验园地。这是伯班克大规模从事植物育种实验的开始。在这两个小小的农场里,无数新奇的植物就像变魔术一样被创造出来。

伯班克马铃薯Ⓦ

伯班克的育种方法是使外来的和当地的品系在有利的环境下进行杂交,将得到的幼苗嫁接在充分发育的植株上,以较快地鉴定杂种的特性。在50多年的育种工作中,伯班克培育的果树、蔬菜、花卉和其他经济作物的新品种有800多个,其中著名的有伯班克马铃薯、无核李、彩虹玉米、光皮桃、无刺黑莓、李杏、无刺仙人掌等,不少品种迄今仍有重要的商业价值。其成就之大,范围之广,数量之多,在全世界没有第二个人可比。

1893年,伯班克出版了自己培育的园艺新品种的目录。1920年,他完成了8卷本巨著《如何培育植物为人

伯班克与他培育的无刺仙人掌Ⓦ

类服务》。它们成为当时欧洲许多大学和实验站的教材,帮助了世界各地的植物育种从业者。伯班克还对植物育种的未来进行了一些科学预测,指出了矮化育种、无籽果实育种等新方向。

伯班克具有灵巧的双手和特别敏锐的观察能力,能直接认出他所需要的特性,选出有用的品种,但他的成功靠的不是天生聪明,而是不畏艰难困苦的毅力和决心。我们知道,仙人掌如果不长刺就是一种十分理想的青饲料。伯班克为了培育无刺的仙人掌,一直坚持研究了十多年。他用小而少刺的仙人掌和多刺的巨型仙人掌进行多次杂交,自己的双手和周身经常被仙人掌的刺所伤,红肿、痛痒,长期坐卧不安,但他以顽强的毅力,一直坚持研究,终于培育出巨大、无刺的仙人掌。

正像他自己所常说的:"时间不能增添一个人的寿命,然而珍惜光阴却可以使生命变得更有价值。"伯班克一生致力于植物育种的研究和实践,不仅为许多国家提供了丰产抗病的作物、品质优良的果树、芳香悦目的花卉,更重要的是他推动了全世界植物育种工作的开展。伯班克所独创的育种方法一直沿用到现在,他所培育出的许多优良品种至今仍在传播。

1882年
米亚尔代发现波尔多液的杀菌性质

波尔多液是人类最早发现和应用的保护性杀菌剂之一,它具有杀菌力强、防病范围广、药效持久、病菌不会产生抗性,对植物安全、对人畜低毒等特点,是防治植物病害的第一个杀菌剂,也是应用历史最长的一种杀菌剂。另外,波尔多液中微量的铜还能促进植物叶绿素的形成,刺激生长。所以波尔多液是生产无公害农产品的首选杀菌剂。

波尔多液作为无机化工产品用于防治植物病害的开端,在杀菌剂发展史上有重要影响。波尔多液由硫酸铜、石灰和水配制而成,天蓝色,呈碱性,有效成分为碱式硫酸铜。喷在叶面后,能形成一层弱水溶性薄膜。其游离出的铜离子进入病菌体内后,能使细胞内的原生质凝固变性,促使病菌死亡,从而起到杀菌防病作用。

波尔多液通常按质量比以硫酸铜1份、石灰1份、水100份搅拌混合而成,称为等量式波尔多液。此外,按用途需要,还有倍量式(石灰为硫酸铜的一倍)和半量式(石灰为硫酸铜的一半)波尔多液。

波尔多液的杀菌性质是1882年由法国植物学家米亚尔代发现的,这里还有一个有趣的故事。大约19世纪中叶,北美的葡萄霜霉病传入法国,引起法国葡萄霜霉病大流行,盛产葡萄的波尔多有许多葡萄园因而被毁。1882年,波尔多大学的植物学教授米亚尔代在深入各处的葡萄园察看病情、琢磨对策时,有一天无意中发现,一片种在马路旁洒了蓝白色药液的葡萄树仍然枝繁叶茂,这一奇异的现象使米亚尔代激动不已。经过了解,原来是因为这里的葡萄树靠近马路,经常被行人偷吃,园丁于是就在葡萄树上喷了些石灰水和硫酸铜水。过往的行人见了

1903年的波尔多液配制说明Ⓦ

喷洒波尔多液后的叶片Ⓨ

这蓝白相间的葡萄树,以为葡萄得了什么病,便不再偷摘葡萄。哪知就在这一年霜霉病大流行中,这个葡萄园却安然无恙地渡过了。当米亚尔代从园丁那里问清事由后,就立即回到自己的实验室,开始对这种蓝白色混合液进行深入的研究,结果发现硫酸铜和石灰的混合液能有效地减轻甚至免除葡萄霜霉病的危害。后来他于1885年发表了波尔多液的配制方法,有效地控制了该病的流行。他还发现这种硫酸铜制剂可以防治马铃薯晚疫病和多种重要的植物病害,波尔多液遂成为其后半个多世纪世界上最广泛使用的铜素杀菌剂。由于这种混合液是在波尔多发现并最先在当地使用,因此取名波尔多液。

　　波尔多液自问世以来,100多年久用不衰,使用范围越来越广,不但是枣树、葡萄、苹果、梨等多种果树防治病害的最常用药,也是用于多种蔬菜、花卉、药材及农作物防病的常用药。就是在科学技术飞速发展、种类繁多的高效防病农药层出不穷的今天,其他农药也难以取代它。

波尔多液保护众多植物免受病害Ⓦ

1883年
道库恰耶夫著《俄国的黑钙土》

俄国著名的土壤学家和自然地理学家道库恰耶夫是世界公认的土壤科学奠基人、发生土壤学的创始人,他曾进行大量实地调查研究,从历史发生的观点研究土壤形成。他的学说得到各国土壤学家的公认,为现代土壤学奠定了基础。

道库恰耶夫Ⓦ

1876年至1881年,道库恰耶夫对俄罗斯大草原的黑钙土进行了行程12 000千米的土壤调查,并于1883年发表了博士论文《俄国的黑钙土》,这是一部标志着发生土壤学创立的经典著作,为土壤学奠定了理论基础,从此土壤学就成了一门独立的学科。

该书共10章,640页。第1章是黑钙土的研究历史,接下来的6章是不同黑钙土带及其土壤的记述;作者主要学术思想集中在最后3章。第8章论述俄国黑钙土的起源;第9章论述黑钙土的结构及其厚度与地形的关系;第10章论述黑钙土的成土年龄及俄国北部和南部无此种土壤发生的原因。

道库恰耶夫在该书中首次给出了"土壤"的经典定义:"土壤是在水、空气和活的或死的各种有机体共同作用下改变了的岩石表层或亚表层。"他指出土壤是母质、气候、生物、地形和时间五种因素相互作用的产物,是一个有发展历史的自然体,其发生过程与环境条件有密切关系,在空间分布上有明显的地带规律性。道库恰耶夫的发生土壤学理论,从俄国传至西欧,再由西欧传到美国,对国际土壤学的发展产生了深刻的影响。

道库恰耶夫还创立了自然带学说,同时对土壤分类提出了创造性的见解,提出了土壤剖面研究法和土壤制图术。他在农田的质量评价、地质学、地植物学、气候学以及农业教育方面也有较深的造诣,受到了人们普遍的尊敬和怀念。许多地方都有以道库恰耶夫命名的研究所、博物馆和基金会。苏联科学院为纪念他,在1946年设立了道库恰耶夫金质奖章和奖金,以奖励在土壤科学方面作出重大贡献的科学家。

1892年
弗勒利希发明可供实用的汽油拖拉机

拖拉机是与各种作业机械配套的自走式动力机械。在农业生产中，它主要用以牵引和驱动多种类农机完成各项田间作业和农业运输。自古以来，有很多人试图以机械力代替人力和畜力进行耕作，但直到19世纪欧洲进入蒸汽时代后，才使动力型农业机械的诞生成为可能。

18世纪中叶，世界上出现了第一次"工业革命"，它发源于欧洲英格兰中部地区，其重要特征之一就是蒸汽机的应用。英国人瓦特改良蒸汽机之后，引起从手工劳动向动力机器生产转变的重大飞跃，把人类推向了崭新的蒸汽时代。

此时，在农业耕作上用蒸汽机替代人力和畜力的理想也就自然而然地提上了日程。随着各种农机的发明与推广，人们迫切需要一种新的动力机，以取代畜力之不足。工业的发展无疑为这种尝试创造了条件。它最初的成果就是蒸汽拖拉机，1850年代，能在田间实际工作的蒸汽拖拉机在英国诞生，随后在美国得到发展。蒸汽拖拉机做到了畜力所做不到的事情，但它也有严重缺陷。其一它消耗大量燃料和水，其二是过于笨重，不便在移动型农机上应用。因此，蒸汽动力

这张美国1921年的百科全书所载照片显示了拖拉机犁地的情景ⓦ

苏联的拖拉机厂（约1930年）Ⓦ　　　　　　　现代的拖拉机Ⓦ

应用最成功的例子是用于固定作业的脱粒机。

1892年,美国艾奥瓦州一位年轻的德裔农民弗勒利希成功研制出第一台能实用的汽油拖拉机。虽然它仍然很笨重,但相较蒸汽拖拉机要轻便不少,易于操作,而且工作效率也提高了一倍,故它的出现为拖拉机的推广应用打下了基础。因为这一开创性的贡献,1991年,弗勒利希被列入艾奥瓦州发明家名人纪念馆。

1901年,两个大学机械系毕业生哈特和帕尔在美国创立了第一个以制造拖拉机为目的的哈特-帕尔公司,该公司的第一台汽油拖拉机于1901年末制成,被认为是世界上第一台商业成功的农业汽油拖拉机。1906年,公司的销售经理威廉斯在书写和做广告时,感到"gasoline traction engine"（汽油牵引机动车）这个词太麻烦,于是在公司广告中使用了"tractor"（拖拉机）一词,并制作在拖拉机机体上。1912年哈特-帕尔公司开始使用术语"farm tractor"（农用拖拉机）。虽然"tractor"这个词可能在较早时期已经出现,但是在拖拉机上标上"tractor"做名称,哈特-帕尔公司是第一次。由于哈特-帕尔公司的影响,加上这个词的简练准确,"tractor"这一称谓在经过一段时间后,渐渐被行业广泛采纳接受。今天美国国家历史博物馆仍保存着一台1903年制造的哈特-帕尔拖拉机。

20世纪初,瑞典、德国、匈牙利和英国等国几乎同时制造出以柴油内燃机为动力的拖拉机。第一次世界大战期间,由于战争的原因,导致劳动力不足和农产品价格上涨,促进了农田拖拉机的发展。1910—1920年期间,以蒸汽机和以内燃机为动力的拖拉机之间展开了激烈的竞争,后者显示了更大的优越性,逐渐淘汰了前者。到1940年代末,在北美、西欧和澳大利亚等地,拖拉机已取代了牲畜,成为农场的主要动力,此后,拖拉机又在东欧、亚洲、南美和非洲得到了推广使用。

1926 年
瓦维洛夫提出作物起源中心学说

瓦维洛夫，苏联植物育种学家、遗传学家和农学家，是植物遗传学和作物育种历史上最有影响的人物之一。他将一生都贡献给了有关小麦、玉米和其他支撑世界人口的谷物的研究，其最主要的成就之一是提出了作物起源中心学说。

瓦维洛夫Ⓦ

瓦维洛夫1887年生于俄国莫斯科一个制造商家庭，祖辈是贫苦的农民。瓦维洛夫青年时代就读于著名的莫斯科农学院，1910年毕业后留校任教并从事谷类作物品种资源研究等工作。瓦维洛夫不但在科学上取得了多方面的成就，还是苏联农业科学杰出的组织者和领导者，他1924年任列宁格勒应用植物研究所（1930年更名为全苏作物栽培研究所）所长，后来担任全苏列宁农业科学院院长。在瓦维洛夫领导下，作物栽培研究所逐步发展为全苏作物品种资源的研究中心，并成为世界上作物标准品种贮存和育种的重要基地。

瓦维洛夫在科学上最大的贡献之一是提出了作物起源中心学说。作物起源问题很早就为人们所注目。但近代用科学方法探讨作物起源，则始于瑞士植物学家德堪多。他在1882年发表了著名的《栽培植物起源》一书，认为中国、亚洲西南部、埃及至热带非洲可能是世界作物的最初驯化起源地。受到德堪多的影响，瓦维洛夫也致力于作物起源研究，并成为世界上研究作物起源最著名的学者。

从1916年开始，瓦维洛夫组织了一支规模庞大的植物远征采集队，对世界栽培植物进行了广泛的考察、搜集和研究。至1940年，24年间瓦维洛夫进行了180次科学考察，其中40次在国外。考察的国家和地区有50多个，亚洲、欧洲、非洲、北美洲、南美洲，无不留下他的足迹。这些考察的结果，使瓦维洛夫领导的作物栽培研究所收集的品种资源达20万份以上，包括小麦、玉米、豆类、禾草、蔬菜、果树等。这些材料种植于各试验站，成为进行细胞学、遗传学分析和杂交育

瓦维洛夫办公室中不同品种的玉米①

种的宝贵材料。

在这些考察的基础上，瓦维洛夫于1926年出版了《栽培植物的起源中心》一书，提出了作物起源中心学说。这一学说认为，植物物种及其变异多样性在地球上的分布是不均衡的，具有多样性遗传类型和近亲的野生或栽培类型的地区，可能为起源中心，而显性性状可以作为起源中心的标志。瓦维洛夫认为全世界至少有西南亚洲（中亚细亚）、地中海区域、东南亚洲和热带美洲高原4个作物起源中心。后来随着考察地区范围的扩大和对考察材料的进一步分析，又在1935年提出了8个作物起源中心。他认为这8个中心在古代由于山岳、沙漠或海洋的阻隔，其农业都是独立发展的，所用农具、耕畜、栽培方法各不相同，每个中心都有相当多有价值的作物和多样性的变异，是植物育种家探寻新基因的宝库。

随着作物起源中心研究的发展，瓦维洛夫的观点得到了进一步的修正。1968年，苏联植物学家茹科夫斯基将瓦维洛夫确定的8个起源中心所包括的地区范围加以扩大，将世界作物起源中心划分为12个大基因中心，使之能包括所有已发现的作物基因种类。

瓦维洛夫关于作物起源中心的学说，为现代人们进行作物分类、引种驯化、遗传育种等方面的工作，打下了良好的基础，他是公认的对植物种群研究作出最大贡献的人之一。

瓦维洛夫邮票②

*1929*年
无土栽培技术应用于蔬菜生产

　　无土栽培是指不用天然土壤,完全用营养液栽培植物的技术,这种营养液可以代替天然土壤向作物提供生长发育所必需的营养元素,使作物能够正常生长并完成其整个生命周期。传统农业中作物的生长离不开土壤,而无土栽培则是人类种植方式上的一项重大革新。

　　无土栽培技术是在植物营养生理学的基础上发展起来的。科学家们经过长期研究,弄清了植物生长发育所必需的16种元素,包括9种大量元素:碳(C)、氧(O)、氢(H)、氮(N)、钾(K)、钙(Ca)、镁(Mg)、磷(P)、硫(S),7种微量元素:氯(Cl)、铁(Fe)、锰(Mn)、硼(B)、锌(Zn)、铜(Cu)、钼(Mo)。19世纪中叶,德国科学家萨克斯和克诺普首创营养液配方并培养植物成功,为现代无土栽培奠定了基础。

　　美国是最早在蔬菜生产上应用无土栽培的国家。1929年,美国加利福尼亚大学植物生理学家格里克利用营养液成功地培育出一株高7.5米的番茄,采收果

无土栽培的蔬菜

无土栽培的蔬菜⊙

实14千克,引起人们极大的关注,被认为是无土栽培技术由试验转向实用化的开端。第二次世界大战期间,美英军队曾利用无土栽培技术为部队生产蔬菜。战后由于温室生产出现病虫害严重、土壤盐渍化等问题,无土栽培技术得以迅速推广。

从1950年代起,意大利、西班牙、法国、英国、瑞典、以色列、荷兰、日本等国广泛开展了无土栽培研究。1960年代以来,无土栽培出现了蓬勃发展的局面,目前世界上采用无土栽培技术的国家有100多个,种植作物亦从番茄、黄瓜等蔬菜扩展到水果、花卉等种类。随着技术的不断完善,先进设施、新型基质材料的应用,无土栽培已可以根据不同作物的生长发育需要,进行温、水、光、肥、气等的自动调节与控制,实行工厂化生产。

无土栽培一般在较封闭的室内环境进行,受病虫害感染的机会很少,很少施用农药,所以可种植出无污染、无公害作物。它还具有产量高、生产周期短、水肥利用充分、受气候季节影响小等优点,而且把人类的种植活动从土壤的束缚下解放出来,为实现农业、园艺生产的工厂化、自动化打开了广阔的前景。

目前,世界上的无土栽培技术发展有两种趋势:一种是高投资、高技术、高效益类型,如荷兰、日本、美国、英国、法国、以色列及丹麦等发达国家,无土栽培生产实现了高度机械化,其温室环境、营养液调配、生产程序控制完全由计算机调控,实现一条龙的工厂化生产。另一种趋势是以发展中国家为主,根据本国的国情和经济技术条件,就地取材,手工操作,采用简易的设备,这些国家发展无土栽培的目的是改造环境、节约用水和节省土地资源,解决人民的基本生活需要。

*1933*年
丁颖育成野生稻与栽培稻的杂交水稻

丁颖是中国现代稻作科学的主要奠基人，被誉为"中国稻作学之父"。他成功地培育出世界上第一个具有野生稻血缘的新品种"中山一号"杂交水稻，开创了野生稻与栽培稻远缘杂交育种的先河，并提出了中国是世界栽培水稻的起源地的观点。

丁颖1888年生于广东省茂名市一个普通农民家庭，童年时代是在农村度过的，比较熟悉一些农民固有的生产经验。1912年他在广东高师毕业后，于1913年考上公费留学日本，1924年于日本东京帝国大学毕业回国后，担任广东大学农科学院（中山大学农学院前身）教授，一方面教学，一方面从事水稻研究。

1926年，丁颖在广州犀牛尾的沼泽地里发现一种野生稻，他把这种野生稻命名为"犀牛尾"，并种植在学校农场的水塘。经过播种、选种、试验，丁颖在育种植株中发现了表现较好的

丁颖◎

性状稳定株系。他在育种的过程中还意识到，野生稻可用于改良栽培稻品种，克服其不良特性，从而获得一些新的优良品系。1933年，丁颖用"犀牛尾"与农家品种杂交育成"中山一号"新品种，这是世界上最早把野生稻抗御恶劣环境种质成功地转育到栽培稻种中去的科学试验，开创了野生稻与栽培稻远缘杂交育种的先河。

试验阶段，"中山一号"就表现出了对于不良环境的强大抵抗力。8月间气温持续在26℃以上，9月末气温骤降至14℃左右，一般栽培稻品种在这种天气状况下均会受到很大影响，而"中山一号"的受害程度微小。"中山一号"凭借其抗逆性强、适应性广的特性，在育种与生产上被利用了半个多世纪，为粮食增产作出了巨大贡献。

1936年，丁颖用野生稻与栽培稻杂交，获得世界上第一个水稻"千粒穗"品

系，曾引起东亚稻作学界极大关注。他长期运用生态学观点对稻种起源演变、稻种分类、稻作区域划分、农家品种系统选育以及栽培技术等方面进行系统研究，取得了重要成果，为稻种分类奠定了理论基础，为中国稻作区域划分提供了科学依据。他从农业生产实际出发，选育出60多个优良品种在生产上应用，对提高水稻产量和品质作出了贡献。

在中国栽培稻种的起源问题上，丁颖进行了开拓性研究，提出了中国稻种起源于中国的野生稻，中国是世界稻种传播中心之一的学术见解。论证了中国水稻起源于公元前3000多年，扩展于公元前26—前22世纪，稻作栽培奠定于公元前1122—前274年间的周代。他还根据古人类的迁徙和稻的语系，提出栽培稻种的传播途径为：一是由中国传至东南亚与日本等地；二是由印度经伊朗传入巴比伦，再传至欧美等国；三是由澳尼民族从大陆传至南洋。

"真诚的科学工作者，就是真诚的劳动者。"这是丁颖的名言。无论是在试验田中进行水稻栽培试验，还是在各地办育种试验，丁颖总是身先士卒，亲自下田劳作。甚至到1963年，他已是75岁的老人，在考察西北稻区时，仍不顾年迈体衰，坚持赤足下田，体察雪水灌溉对稻根生育的影响。正是这种一丝不苟的科学精神，指引他攀上了科学的高峰，并激励着后学者不断前进。

雨后的水稻田⊗

*1938*年
黄昌贤育成无籽西瓜

炎炎夏日,西瓜是人们消暑解渴的佳品。西瓜在所有瓜果中果汁最为充足,含水量高达96.6%,酷热逼人之际,吃一口汁多味甜的西瓜,真是清爽无比。如果嫌吃西瓜频频吐籽麻烦,还可以选择不用吐籽的无籽西瓜。在你大快朵颐之际,有没有想过无籽西瓜是如何培育出来的呢?

无籽西瓜是近代植物育种中的一枝奇葩。根据无籽西瓜的培育原理和机制的不同,可将无籽西瓜分为三类:激素无籽西瓜、染色体易位无籽(或少籽)西瓜及三倍体无籽西瓜。

世界上最早培育成功的是激素无籽西瓜,它是利用天然或人工合成的激素处理普通二倍体有籽西瓜的雌花,诱导单性结实而获得的。1938年,中国园艺学家黄昌贤在美国攻读博士学位时,应用植物激素最先在世界上成功地培育出无籽西瓜。

1936年,美国密歇根州州立大学的植物生理学教授古斯塔夫森利用人工合成的植物激素做实验,第一次使番茄、西葫芦、茄子、辣椒和一些观赏植物获得了单性结果的无籽果实,证明了应用某种植物激素能使植物子房不经受精作用就自然发育成无核果实,但他在西瓜、南瓜方面的实验则未获成功。黄昌贤受到其论文的启发,全面系统地研究了1930年代初期一些植物生理学家利用化学药剂在植物扦插繁殖上的应用技术,经过反复试验,终于在1938年培育成功大小正常、品质优良的无籽西瓜。在同年的美国园艺学会年会上,黄昌贤报告

西方画家笔下的西瓜(1918年)Ⓦ

175

了这一成果,阐述了培育的方法,提出用化学药剂秋水仙碱处理普通西瓜的植株,可促其染色体倍增,产生四倍体植株。再采用萘乙酸混合其他激素涂抹花的柱头,便能获得果形大小正常、完全

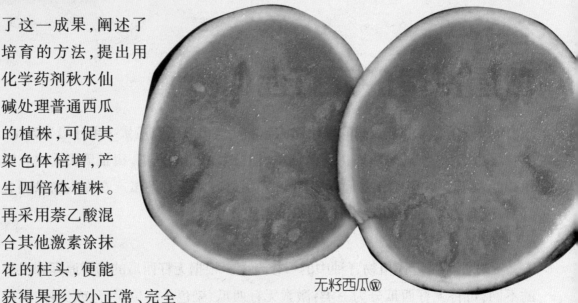

无籽西瓜ⓦ

无籽的西瓜。这一成就引起了国际园艺界的高度重视,美国科学促进会将应用植物激素育成无籽西瓜列为1938年世界生物学成就之一。但是黄昌贤培育成功的无籽西瓜,由于果实小、成瓜率低而没有应用于生产。

　　三倍体无籽西瓜是目前生产上唯一广泛栽培的无籽西瓜类型,它是利用三倍体不育的原理培育成功的。一般的生物细胞,染色体总是成双成对的。譬如人就有23对共46条染色体,每一对染色体长度一样,看起来像双胞胎,这样的生物叫做二倍体。普通西瓜和人一样都属于二倍体,香蕉等天然无籽水果则例外,属于三倍体,其细胞中的染色体不是"双胞胎",而是有三套。这些"三胞胎"细胞在减数分裂形成生殖细胞时,染色体总是不能成双成对等量分配,这样的生殖细胞虽能刺激果实发育成熟,但不能受精结籽成为种子。培育无籽西瓜的关键就是要把二倍体西瓜变成三倍体西瓜,主要方法是:用化学诱导等方法使普通二倍体有籽西瓜体细胞染色体加倍,变为四倍体西瓜。再以四倍体西瓜作母本,普通二倍体有籽西瓜作父本,杂交得到三倍体种子;用三倍体种子种植,以二倍体有籽西瓜授粉,就可得到无籽西瓜。1951年,日本遗传学家木原均用人工四倍体西瓜与二倍体西瓜杂交制种,育成了无籽的三倍体西瓜。从此,世界各国纷纷开展多倍体西瓜的研究工作,无籽西瓜的栽培得到了大面积的推广,品种也越来越优良。

*1939*年
米勒发现 DDT 的杀虫功效

1997年,瑞典卡罗林斯卡医学院的评委会公开表示,为将1948年的诺贝尔生理学医学奖授予DDT杀虫功效的发现者而感到羞愧。他们表示,在今后的评奖中,应把诺贝尔奖颁发给那些经得起实践检验的发明创造以及那些没有争议的发明和成果。DDT是什么? 它有怎样的功过与是非? 将诺贝尔奖颁给其杀虫功效的发现者真的错了吗?

DDT(中文名称为滴滴涕)是双对氯苯基三氯乙烷的简称,是一种合成的有机氯杀虫剂。它除了具有优异的广谱杀虫作用外,对温血动物和植物基本无毒害,且价格低廉,适于大量生产。1874年,奥地利化学家齐德勒在实验室合成了一种化学性质非常稳定的新化合物,这种气味极淡的白色晶体就是日后大名鼎鼎的DDT。但在当时,齐德勒并不知道DDT具有杀虫的作用。

1939年,瑞士化学家保罗·米勒在一家名为盖基的公司从事农药研究时,发现了DDT的杀虫功效。之后,盖基公司很快申请了专利,并于1942年推出了两种含DDT的新式杀虫剂。新产品由于杀虫效果好、适用范围广以及容易生产,很快便开始批量生产。

在第二次世界大战期间和战后,人们发现DDT对虱子、跳蚤、蚊子(依次为斑疹伤寒、鼠疫、疟疾和黄热病的传染媒介),以及美国科罗拉多州的秋千蛾和农作物的其他害虫都有良好的毒杀效果。尤其是"二战"行将结束时流行的一场斑疹伤寒,使DDT真正走上了世界舞台。

斑疹伤寒是一种由虱子传播的传染病,常伴随着战争或天灾出现。在第一次世界大战中,欧洲战场前线曾流行过斑疹伤寒,造成数百万人死亡。1944年,驻扎在意大利那不勒斯的盟军军队突然也出现了斑疹伤寒疫情,引起一片恐慌。缺乏有效治疗手段的人们想对这瘟疫釜底抽薪,消灭它的传播者——虱子。他们想到了DDT这一问世不久的杀虫剂。抱着试试看的想

米勒Ⓦ

法,盟军在士兵身上喷洒了这种粉剂,结果士兵没事,虱子死了。三个星期后奇迹出现了,斑疹伤寒完全被控制住了。

特别是在全球抗疟疾运动中,DDT可谓居功至伟。这种靠蚊子传播的疾病是人类遭受的最严重的灾难之一,它的历史几乎与人类文明一样久远。依靠喷洒DDT灭蚊,曾一度使全球疟疾的发病率得到了有效的控制,欧洲和北美甚至根除了这种疾病。

1940年代—1960年代,DDT在全世界大量生产和广泛使用,在世界各地迅速有效地抑制了疟疾等恶性疾病的传

往身上喷洒DDT的美国士兵Ⓦ

播,大幅提升了农作物产量,使无数人免于饿死或者病死。其杀虫功效的发现者米勒也因此而获得1948年诺贝尔生理学医学奖。DDT不但成为农民必备的杀虫剂,在日常生活中也迅速成为人们对付苍蝇、蚊子、蟑螂、臭虫等居家必备的卫生用品。DDT开创了一个化学合成杀虫剂的时代。

然而一本畅销书的出现,彻底改变了DDT的命运,也颠覆了人们对杀虫剂的态度。

1962年,美国海洋生物学家卡森的著作《寂静的春天》出版,在这本被很多环保主义者奉为经典的书中,卡森详述了滥用DDT等杀虫剂所带来的严重的环境危害,指出DDT在环境中非常难降解,并可通过食物链富集在动物体内。1972年,美国国会率先通过立法,禁止使用DDT。此后,许多国家纷纷效仿,开始"封杀"DDT。从此,DDT几乎成为环境污染的代名词,从"上帝赐予的最好礼物"变成了臭名昭著的恶魔。

但事情并未简单地一禁了之,一方面DDT导致的环境破坏或许要经历很长时间才能恢复;另一方面,因为DDT的禁用,疟疾等疾病又有卷土重来的势头。因为在DDT之后,虽然人们又开发了几百种能在环境和生物体中很快降解成无毒物质的杀虫剂,但是它们中没有一种能像DDT那样阻止非洲肆虐的蚊子。

在国际社会普遍禁用DDT的30年期间,许多科学家对卡森观点的细节进行了全面、持续的研究,提出了一些不同的看法,认为安全剂量的DDT不会使人致

癌,卡森在《寂静的春天》中描绘的环境所蒙受灾难的真正元凶,不是DDT本身而是人类的滥用。

2000年7月,世界著名的科学杂志《自然》药物学分册发表了一篇由英美两国科学家共同撰写的文章,呼吁在发展中国家重新使用DDT。文章指出,目前全世界有3亿疟疾患者,每年死亡人数超过100万,其中绝大多数是地处热带地区的发展中国家儿童。作者举例说明,DDT的禁用是疟疾死灰复燃的主要原因。

目前,国际社会对DDT问题已达成了这样的共识:

首先,DDT会对人类健康形成潜在危害。它可以长期在脂肪组织中蓄积,并通过食物链在动物体内高度浓集,使居于食物链顶端的生物体内蓄积的DDT浓度比最初环境所含浓度高出数百万甚至上千万倍,对机体构成危害。而人处在食物链最顶端,受害也最大。

其次,严格控制DDT的用途,实行使用豁免制。2006年5月,联合国环境规划署召开会议决定,将DDT的生产和使用限于控制疟疾等疾病,如果用作生产除虫剂三氯杀螨醇的生产原料,则需要登记豁免;同年9月,世界卫生组织发表声明,修改了实行多年的防治策略,公开号召非洲国家重新使用DDT来防止疟疾流行。

对DDT的禁令被解除了。当然,DDT再次被允许使用,并不是无限制的。世界卫生组织只是建议在疟疾的高发区,在室内防止蚊虫叮咬时使用DDT,绝不允许在室外空间大量使用DDT。

DDT的命运形象地说明了科学技术是把双刃剑,在它造福于人类的同时,也可能会对人类造成灾难。同时也说明,人们对客观事物的本质及其规律性的认识,是一个在实践基础上艰苦的、反复的过程。人们应当不断地深化认识、扩展认识,把认识向前推进。如果急着下结论,简单地判断对与错,都会付出巨大的代价。

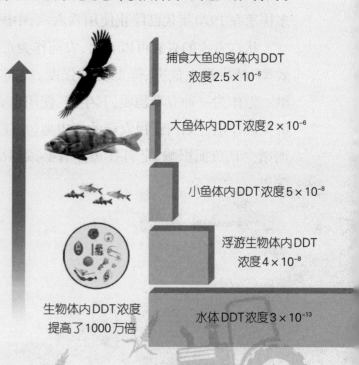

捕食大鱼的鸟体内DDT浓度2.5×10^{-5}

大鱼体内DDT浓度2×10^{-6}

小鱼体内DDT浓度5×10^{-8}

浮游生物体内DDT浓度4×10^{-8}

生物体内DDT浓度提高了1000万倍

水体DDT浓度3×10^{-13}

DDT在食物链中的富集©

1942年
发现六六六的杀虫功效

六六六，又名六氯环己烷，是一种有机氯杀虫剂，因分子中含6个碳、6个氢和6个氯原子而得名。六六六于1825年首先由英国物理学家和化学家法拉第合成，1942年其杀虫功效被发现，1945年开始大规模生产和应用。

六六六是作用于昆虫神经的广谱杀虫剂，兼起胃毒、触杀、熏蒸作用，通常加工成粉剂、可湿性剂、乳剂和烟剂等。由于用途广、制造容易、价格便宜，1950年代—1960年代在全世界广泛生产和应用，在中国也曾是产量最大的杀虫剂，对于消除蝗灾、防治农林害虫和家庭卫生害虫起过积极作用。

但是由于六六六毒性大，难分解，分布广，危害重，在大量使用的同时也给环境造成了难以修复的危害。六六六是广谱性杀虫剂，既杀死了许多害虫，也杀伤了许多益虫。六六六长期大量使用后会使害虫产生抗药性，杀虫效果逐渐降低。六六六又是高残留杀虫剂，不易降解，在环境和生物体内易造成残留累积，污染环境，对人有潜在的危害。因此，随着人们认识的加深和替代品的出现，许多国家在1970年代已停止使用六六六，中国也从1983年起停止其生产。

从六六六的兴衰可以看出，农药作为重要的农业生产资料，在提高农业生产效率、减少病虫危害、降低劳动强度、提高人们生活水平等方面作出了巨大贡献。但作为一种有毒物质，其生产、使用也必然会给环境以及人类健康带来一定的负面作用。如何正视农药的历史地位，使其更好地发挥作用，同时又最大限度地减少其负面影响，是科技工作者必须解决的重要问题，也值得我们每一个人深思。

飞机喷洒农药ⓒ

1942年
有机化学除草剂 2, 4-D 诞生

　　化学除草是有选择地利用化学药剂杀死或控制杂草生长而不伤害作物正常生长发育的一种先进的农业技术，它的出现极大地提高了农业劳动生产率。这项技术在世界上的发展历史还不长，真正把化学除草剂广泛应用于农业，是从1942年选择性除草剂2, 4-D的出现开始的。但它的发展速度却非常快，进入1970年代后，除草剂的销售在世界上已居所有农药之首，成为第一大类农药。

　　1942年诞生于美国的2, 4-D是世界上第一种工业化的选择性高效有机除草剂，在农药发展史上有重要影响，是20世纪农业的重大发明之一。1940年代2, 4-D在美国首先生产，后因其用量少、成本低，一直是世界主要除草剂品种之一。

　　2, 4-D具有类似植物生长素的作用，能进入植物体内并传导至其他部位。低浓度使用能刺激生长，可作植物生长调节剂；较高浓度则抑制生长；高浓度可使植物畸形发育而致死。单子叶禾本科植物对其有一定的耐受力，双子叶阔叶植物对其非常敏感。利用这些选择性，可用于水稻、麦类等禾本科作物田间防、除阔叶杂草。此后，人们继续研制出其他有关化合物，通过不同方式，达到防止各类杂草的目的。除草剂总的趋势是向高效、低毒、选择性强、杀草谱广、易降解的方向发展，并由1960年代的土壤处理剂转向1980年代后期的茎叶处理剂。

　　在除草剂的使用方法上，人们通过采用雾滴喷雾、静电喷雾、定向喷雾等技术，减少了用药量，控制了雾滴的飘移，提高了工效与药效，也减轻了对环境的污染。除草剂与农药混用及应用增效剂，可取长补短、降低用量、提高药效，增强对气候条件的适用性。

　　目前，世界除草剂主要发展高效、低毒、广谱、低用量的品种，对环境污染少的一次性处理剂逐渐成为主流。

喷洒除草剂▼

181

1950年代
三倍体甜菜育成

多倍化是植物进化变异的自然现象,也是促进植物发生进化改变的重要力量。据统计,自然界大约有1/2的被子植物,2/3的禾本科植物属于多倍体。在被子植物中,约70%的种类在其进化史中曾发生过一次或多次多倍化过程。多倍体育种是采用人工方法获得多倍体植物,再利用其变异来选育新品种的方法,已逐渐成为蔬菜作物育种的主要途径之一。

自从人们发现、利用,尤其是人工创造多倍体以来,多倍体在农业上的应用进展很快,为农业生产带来了积极效应。用人工方法诱导的多倍体,可以得到一般二倍体所没有的优良经济性状,如粒大、穗长、抗病性强等。对于以营养器官(如茎、叶、根)以及瓜、果而不以种子为收获对象的植物来说,多倍体育种具有重要意义。在这方面最成功的例子是三倍体甜菜和三倍体无籽西瓜的培育成功。

甜菜作为糖料作物栽培始于18世纪后半叶,至今仅200多年历史,但其种植面积现已占全球糖料作物的48%,次于甘蔗而居第二位。现在生产上广为使用的甜菜为同源三倍体,是同源四倍体与二倍体杂交产生的。日本于1939年开始有意识地开展三倍体育种,1950年代育成三倍体甜菜。三倍体甜菜营养生长繁茂,块根产量高,块根含糖量超过四倍体和二倍体亲本,且抗病力强,收获时糖分不因成熟过度而下降,加工品质也好,经推广种植,获得了很大的经济效益。随后,欧洲的一些国家迅速用三倍体甜菜取代了原来的二倍体品种。瑞典、联邦德国、波兰、法国等国在1970年代均采用二倍体亲本与四倍体亲本甜菜杂交获得三倍体杂种,其播种面积约占播种总面积的90%以上。

鉴于生物多倍体的特征优势,随着生命科学的逐步发展,人工诱导生物多倍体技术的不断创新、完善,人们将会获得更多、更广的动植物多倍体,使其成为推动21世纪农业生产的强大动力,造福于人类。

《科勒药用植物》中的甜菜图W

1960年代
绿色革命兴起

　　1960年代兴起的绿色革命是发展中国家以采用高产良种作物为中心的一场新技术革命,其目标是解决发展中国家的粮食问题。这一农业技术革新取得了惊人的进展,当时有人认为这场改革活动对世界农业生产所产生的深远影响,犹如18世纪蒸汽机在欧洲所引起的产业革命一样,故称之为"绿色革命"。

　　绿色革命的主要内容是大规模推广矮秆、半矮秆、抗倒伏、产量高、适应性广的小麦和水稻等作物优良品种,并配以化肥、农药、灌溉和机械等技术的改进。在绿色革命中,有两个国际研究机构作出了突出贡献。一个是国际玉米小麦改良中心,以绿色革命的主要倡导者、美国农学家博洛格为首的小麦育种家,育成了30多个矮秆、半矮秆小麦品种,同时具有抗倒伏、抗锈病、高产的突出优点。另一个是国际水稻研究所,该所成功培育出第一个半矮秆奇迹稻"IR8"(国际稻8号)品种,具有高产、耐肥、抗倒伏、穗大、粒多的优点。此后,又相继培育出"国际稻"系列良种,并在抗病害、适应性等方面有了改进。通过国际合作,这些成功培育的农作物优良品种和一系列适合高产栽培的农业技术迅速推广,使许多发展中国家的农作物单产迅速提高。由于粮食单产的提高缓解了发展中国家人口激增与粮食匮乏的尖锐矛盾,在一定程度上促进了发展中国家社会经济的发展。

　　绿色革命之父博洛格是20世纪最杰出的农业科学家兼社会活动家,1944—2009年从事国际农业研究和推广工作65年,其中在位于墨西哥的国际玉米小麦改良中心及其前身洛克菲勒基金会项目工作长达40多年。他培育的小麦矮秆高产品种对发展中国家和部分发达国家的粮食生产产生了重要影响。因终生致

印度尼西亚的水稻梯田Ⓦ

力于以农业技术创新消除发展中国家的饥饿和贫困问题,他被国际社会誉为"最杰出的反饥饿斗士"、"绿色革命之父"。由博洛格创立的"世界粮食奖"用以奖励对粮食生产作出突出贡献的个人,被誉为农业界的诺贝尔奖,对全球粮食生产作出了特殊贡献。

博洛格Ⓦ

1970年,博洛格获得诺贝尔和平奖。诺贝尔和平奖委员会时任主席利奥内斯在颁奖致辞时说,博洛格获此殊荣不仅仅是因为他学术上的贡献,更重要的是他利用农业科学技术让数亿人摆脱了饥饿和贫困。"他的贡献超越了我们时代的每一个人,他为饥饿的世界提供了面包。""通过实验室和田间工作,他改变了世界粮食生产格局……给我们指出了充满希望的和平与生活方式——绿色革命。"

博洛格在诺贝尔和平奖颁奖演说中指出,世界文明的进步取决于为所有人提供有尊严的生活基础,没有充足的食品供给,社会公正等许多人类文明的诉求都将毫无意义。绿色革命在墨西哥、印度、巴基斯坦等发展中国家的成功,虽然取得了"人类反饥饿和反贫困战斗的暂时胜利",但反贫困和反饥饿的任务依然艰巨,各国政府应增加农业研究的投入,以实现可持续的、人性化的生活方式,而不应将大量的钱用于研制核武器和杀伤性武器。

绿色革命在提高农业产出方面取得了巨大的成功,但同时也逐渐暴露出许多缺陷,这是人们始料未及的。现代高产品种需要大量灌溉用水、化肥的配合,二者缺一不可。大面积推广一种或极少数品种容易形成单一农业,更有可能遭受病虫害的入侵,随之而来的便是大量杀虫剂、除草剂等农药的使用。由于灌溉用水、化肥、农药等的集中投入,与之相关的环境问题也日益凸现。此外,后来人们又发现高产谷物中矿物质和维生素含量很低,用作粮食常因微量营养元素不足而引起疾病。于是,国际社会又提出了第二次绿色革命的设想,目的在于利用国际力量,为发展中国家培育既高产又富含维生素和矿物质的作物新品种,既满足人口对食物的需求,又保护好人类赖以生存的自然资源和环境。

1990年世界粮食理事会第16次会议首次提出在发展中国家开展新的绿色革命,即第二次绿色革命。主张在巩固水稻、小麦、玉米育种等第一次绿色革命成果的基础上,向农业其他领域扩展;并且,在有效利用灌溉地的同时,向旱地、低地、丘陵山地扩展;同时,扩大生物技术的研究与应用,开展"基因革命"。

1962 ^年

卡森《寂静的春天》出版

有人说,只要春天还听得到鸟叫,我们就应该感谢她——蕾切尔·卡森。这句话或许有点儿夸张,但今天应该没人会否认,正是她那部传世之作《寂静的春天》开启了人类的环保时代,引发了全世界的环境保护事业。

卡森是美国海洋生物学家,她于1907年出生于美国宾夕法尼亚州,中学毕业后进入宾夕法尼亚女子学院学习,后考取了约翰·霍普金斯大学的研究生,主修海洋生物学,1932年获硕士学位。1935—1952年,她供职于美国联邦政府所属的鱼类和野生生物署,这使她有机会接触到许多环境问题。她利用闲暇时间,将在这个政府机构所进行的研究成果改写成抒情散文,随后又撰写了一系列关于海洋的科普著作,这些书出版后广受赞誉,她也逐渐成为著名的科普作家。1952

卡森Ⓦ

年,卡森从政府机构辞职,开始了她的专业写作生涯。1955年她出版了《海之边缘》一书,这本书曾被改编成纪录片,获得奥斯卡奖。

1958年1月,卡森接到她的一位朋友的来信,信中说飞机喷洒的DDT毒死了他们家附近的鸟,希望卡森这位已经成名的作家朋友能利用她的威望,影响政府官员去调查杀虫剂的使用问题。对于DDT可能给人类带来的危害,卡森此前曾经作过呼吁,朋友的信使她深受震动,她决心收集DDT等杀虫剂危害环境和健康的证据,通过撰写文章来警示公众。

起初,卡森打算写一本论述DDT影响的小册子,但随着调查的深入和资料的增加,她感到问题远比她想象的要复杂得多,有必要将

卡森(右)在大西洋海岸进行海洋生物学研究Ⓦ

以卡森的名字命名的蕾切尔·卡森全国野生动物保护区于1970年在美国缅因州成立⑩

小册子扩充为一本书。为了使证据确凿，她阅读了几千篇研究报告和文章，寻找有关领域权威的科学家，并与他们保持密切联系。最终，卡森花了4年时间进行调查和写作，这期间她被诊断患上了癌症，但她强忍病痛的折磨，以惊人的毅力完成了书稿。1962年6月16日，书稿在著名的《纽约客》杂志上开始连载，旋即轰动全国。同年9月27日，《寂静的春天》正式出版，并在两周后登上了《纽约时报》畅销书排行榜的榜首。

《寂静的春天》以一个"一年的大部分时间里都使旅行者感到目悦神怡"的虚设城镇突然被"奇怪的寂静所笼罩"开始，通过充分的科学论证，表明这种由杀虫剂所引发的情况实际上正在美国各地发生，破坏了从浮游生物到鱼类、鸟类直至人类的生物链，使人患上各种癌症。所以像DDT这种给所有生物带来危害的杀虫剂，它们不应该叫做杀虫剂，而应称为杀生剂。该书认为，环境问题的深层根源在于人类对于自然的傲慢和无知，不仅工业界和政府应该关注环境，民众的参与也非常重要。

《寂静的春天》第一次把滥用DDT等长效有机氯杀虫剂所造成的环境污染、生态破坏等大量触目惊心的事实系统地揭露于美国公众面前，引起了整个社会的震动。尽管有来自利益集团（化学工业界）方面的攻击，但《寂静的春天》提出的警告唤醒了公众对环境污染和生态破坏的警觉，并且推动美国政府最终改变了对农药的政策取向。据说时任美国总统约翰·肯尼迪阅读过此书之后，责成总统科学顾问委员会验证卡森的结论。该委员会后来提出的"有关农药的工作报告"在很大程度上支持了卡森在《寂静的春天》中提出的各项具体主张和总的理念。

1964年6月14日，卡森与世长辞。在她生命最后的日子里，卡森承受了来自反对者的巨大压力，同时也欣慰地看到，她的思想正在变成亿万人的共识。

《寂静的春天》不仅影响了美国，还很快传播到全世界。该书先后被译成法文、德文等多种文字，不仅引发了人们对农药危害的警醒，也在世界范围内唤起

了人们的环保意识,极大地引发了公众对环境问题的关注,引发国际社会重新审视人类社会与自然的关系、社会发展与环境保护的关系,环境保护问题逐步进入各国政府的议事日程,各种环境保护组织纷纷成立。

美国匹兹堡市以卡森的名字命名的蕾切尔·卡森桥Ⓦ

1972年,美国全面禁止DDT的生产和使用。同年6月12日,联合国在斯德哥尔摩召开了里程碑式的人类环境大会,并由各国签署了《人类环境宣言》,开始了大规模的环境保护运动,"只有一个地球"第一次成为全人类的共识。

1980年,美国政府追授卡森"总统自由奖章",这是美国普通公民所能得到的最高荣誉。

1994年,美国副总统戈尔在给再版的《寂静的春天》作序时写道:"《寂静的春天》犹如旷野中的一声呐喊,用它深切的感受、全面的研究和雄辩的论点,改变了历史的进程。如果没有这本书,环境运动也许会被延误很长时间,或者现在还没有开始。……她惊醒的不但是我们国家,甚至是整个世界。《寂静的春天》的出版应该恰当地被看成是现代环境运动的肇始。"

在美国《时代》周刊评选的20世纪最有影响的25位女性中,卡森是与居里夫人一起入选的少数几位科学工作者之一。

《寂静的春天》作为一部划时代的绿色经典著作而永留史册,它是人类生态意识觉醒的标志,促使人们重新端正对自然的态度,重新思考人类社会的发展道路问题。卡森这位用一本书开启人类环保时代的伟大女性,也将被人们永远铭记。

只有一个地球Ⓦ

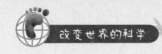

*1971*年
生态农业提出

　　"生态农业"是针对现代农业投资大、能耗高、污染严重、破坏生态环境等弊端，从保护资源和环境的角度提出的新农业理念，是世界农业发展史上的一次重大变革。

　　根据农业发展历程中的经济、社会和科学技术发展水平，可以将农业发展分为原始农业、传统农业、现代农业3个阶段。1940年代，美国率先实现了以机械化为主要特征的农业现代化；1960年代，占世界耕地面积40%、占世界人口24%的工业化国家也先后实现了由传统农业向现代农业的转变。

美国的保护生态邮票Ⓦ

　　现代农业对农业发展起到了积极的推动作用，给人们带来了高效的劳动生产率和丰富的物质产品。与此同时，现代农业的高度集约化，化肥、农药、机械的大量投入，也使不可再生资源消耗巨大，造成了土壤、大气、水源、食品的污染，生态环境的恶化。随着现代农业对环境的污染越来越严重和资源消耗的不断加剧，现代农业的诸多弊端引起了人们的注意。在不断的探索和实践中，人们逐渐认识到当代农业发展问题的症结在于一方面要扩大生产规模，提高产量，为社会提供更多的商品，同时又要保护好生态环境和生态平衡，保证农业的可持续发展。

　　1971年，美国土壤学家阿尔布雷克特首先提出"生态农业"概念，后来又经过许多学者的完善与充实，其基本理念是主张不施用或尽量少施用化肥、农药，用有机肥或长效肥替代化肥，用天敌、轮作或间作替代化学防治，用少耕、免耕替代翻耕，避免污染环境，确保农业持续稳定发展。从此，生态农业由于其具有的优势而为世界各国所关注。

生态农业的基本内涵是:运用生态学、生态经济学原理和系统科学方法,把现代科学技术成就与传统农业技术的精华有机结合,把农业生产、农村经济发展和生态环境治理与保护、资源的培育与高效利用融为一体的具有生态合理性、功能良性循环的新型综合农业体系,实现高产、优质、高效与持续发展目标,达到经济、生态、社会三大效益统一。

生态农业继承和发展了传统农业和现代农业的精华,摒弃了传统农业中落后的东西和现代农业中对环境造成损坏的东西,更加注意生态效益、经济效益、社会效益的统一,强调农业的可持续发展。

生态农业是在人们对现代农业进行深刻反思之后建立起来的农业生产方式,它吸取了传统农业和现代农业的精华,以节约资源、保护环境、注重健康、增加效益、持续发展为特点,充分体现了人类与环境的和谐统一,代表了农业现代化的发展方向。可以说,生态农业的产生是世界农业史上的一场革命,标志着在农业生产领域中人类与自然生态之间的关系,由榨取式的对立状态进入和谐相处、合理保护和利用的新时期。

值得一提的是,未来粮食与环境问题的解决,不仅要从生态农业的角度来考虑,更要从人文的角度来实践,如控制人口,改变生活方式,节约粮食与能源,反对浪费,过简朴健康的绿色生活。所有这些,让我们从自身做起吧!

立体种植养殖系统

养殖业

沼气池

生态农业区域规划布局模式©

加工业

种植业

草方格沙障

1973年

袁隆平取得杂交水稻育种重大突破

世界上有许多国家是以大米为主食,全世界吃大米的人占总人口的60%,而中国的水稻种植面积占全世界的50%。这其中,杂交水稻种植面积占中国水稻总面积的一半,产量占水稻总产的60%,每年因此而增产的粮食超过200亿千克。这一切,都和一个人有着千丝万缕的联系,他就是中国当代杰出的农业科学家、享誉世界的"杂交水稻之父"袁隆平。

袁隆平(1962年)Ⓦ

袁隆平生于1930年,小时候生活艰难,常常饿肚子。1953年,袁隆平从西南农学院农学系毕业后,来到湖南省安江农校教书。对饥饿有过切身感受的他决心努力发挥自己的才智,用学过的专业知识,尽快培育出高产的水稻新品种,让粮食大幅度增产,用农业科学技术战胜饥饿。

利用杂种优势是提高作物产量的有效途径。1960年代以前,尽管杂种优势利用在玉米、高粱等异花授粉和常异花授粉作物上已获成功,但当时的经典遗传学理论认为,稻、麦等"自花授粉作物没有杂种优势"。

在做了大量实践工作后,袁隆平发现水稻天然杂种和人工杂种表现出明显的优势,于是,他冲破当时流行的遗传学观点的束缚,勇于探索,大胆创新,于1964年在我国率先开展三系法培育杂交水稻的研究,挑战这一世界难题。

经过9年的科研攻关,袁隆平及其团队终于在1973年实现了三系配套。1973年10月,袁隆平发表了题为《利用野败选育三系的进展》的论文,正式宣告中国籼型杂交水稻三系配套成功,这是中国水稻育种的一个重大突破。

1974年,袁隆平主持育成了第一个杂交水稻强优组合"南优2号",比普通水稻增产20%以上。1975年,他与同事们又研制成功杂交水稻制种技术,为大面积推广杂交水稻奠定了基础。1976年开始,杂交水稻迅速在全国大面积推广应用,使中国成为世界上第一个在生产上利用水稻杂种优势的国家。

杂交水稻的研究成功,开辟了中国粮食大幅度增产的新途径,其大面积推广给中国水稻生产带来了一次飞跃,为从根本上解决中国粮食自给难题作出了重大贡献。据统计,到2006年为止,中国累计推广种植杂交水稻3.73亿公顷,增加稻谷5200多亿千克。近年来,中国杂交水稻年种植面积约0.16亿公顷,年增产的稻谷可以养活7000多万人口。

"野败"原始株　1970年,袁隆平的助手李必湖在海南省崖县(今三亚市)南红农场的野生稻中发现一株"野败"不育株,成为三系配套的突破口。©

三系杂交水稻的成功,举世赞叹。但袁隆平没有陶醉于已取得的成功,更没有止步,他感到三系法虽然大幅度地增产,但也存在着配组不自由、种子生产环节多等不足。他决心开展新的攻关,并于1986年提出了杂交水稻育种的战略设想,即:育种方法从三系法到两系法再到一系法,朝着程序由繁到简而效率越来越高的方向发展;杂种优势水平由品种间到亚种间再到远缘杂种优势利用,朝着越来越强的方向发展。这一战略思想,为杂交水稻的进一步发展指明了方向。

1987年,两系法研究被列为国家"863"计划项目,袁隆平出任责任专家,主持全国16个单位协作攻关。1995年,两系杂交水稻研制成功并开始大面积生产应用,到2000年全国累计推广面积达333.3万公顷,平均产量比三系增长5%—10%。在袁隆平两系法杂交理论的启发下,中国两系法杂交高粱、油菜、棉花、小麦等相继研究成功,并发挥了巨大的经济效益。

1997年,袁隆平又提出了更高的奋斗目标——研究超级杂交稻:把塑造优

杂交水稻制种田©

良的株叶型与杂种优势有机结合起来,走旨在提高光合作用效率的超高产杂交水稻选育技术路线。此前,日本和国际水稻研究所均提出过"超级稻计划",但由于难度较大,技术路线选择失当,一直未能达到预期目标。

1998年,"超级杂交稻"项目被列入国家"863"计划。经过十多年攻关,袁隆平领导的中国"超级杂交稻"项目在实验田取得良好效果。至2014年,超级杂交稻已经达到农业部制定的第四期目标:实现百亩示范片亩产1000千克,创造了一项里程碑式的世界纪录。

袁隆平在遗传育种方面开展的卓有成效的研究,使得中国杂交水稻在产业上形成了很强的优势,为中国的粮食安全作出了重

大田生产的超级杂交水稻©

大贡献,不仅中国人民受益,世界各国人民也受益。

1980年,杂交水稻作为中国输出的第一项农业专利技术转让给美国,引起国际社会的广泛关注。1982年,国际水稻研究所学术会公认:中国科学家袁隆平为世界"杂交水稻之父"。1992年,联合国粮农组织作出一个重要决策:将推广杂交水稻列为解决发展中国家粮食短缺问题的首选战略措施。

1999年,国际小天体命名委员会将一颗小行星命名为"袁隆平星"。2004年,美国世界粮食奖基金会将农业界的最高荣誉"世界粮食奖"授予袁隆平,以奖励他在世界粮食安全和拯救饥饿方面作出的卓越贡献。

杂交水稻目前已在东南亚、美洲、非洲等40多个国家被研究或引种,种植面积达300多万公顷。杂交水稻在世界范围内的种植,为解决世界粮食安全及食物短缺持续地作着卓越贡献。

发展杂交水稻,造福世界人民,是袁隆平一生最大的追求。为了把杂交水稻研究成功,他从来不怕挫折,不畏艰难。正是这种社会发展和人类需要所产生的崇高原动力,使他走向成功。袁隆平说:我做过一个梦,梦见杂交水稻的茎秆长得像高粱一样高,穗子像扫帚一样大,稻谷像一串串葡萄那么饱满,籽粒像花生米那么大,我和大家一起在稻田里散步,在稻穗下面乘凉。那个梦真是太美了。梦见禾下乘凉,就是我最幸福的时候。这个梦我做过两次呢。

1973年
光稳定拟除虫菊酯研制成功

在农业生产中使用化学杀虫剂可使农作物产量大升，但化学杀虫剂的广泛应用也带来了影响健康、污染环境等副作用。1960年代后期以来，许多国家对副作用较大的杀虫剂陆续采取了禁用、限用的措施。新型杀虫剂的研制更注重低毒、低残留的要求，其中最为成功的是对天然除虫菊酯进行仿生合成的拟除虫菊酯杀虫剂。拟除虫菊酯具有超高效、低残留、广谱、安全的特点，它的开发被称为杀虫剂的一大突破。

天然除虫菊酯是古老的植物性杀虫剂，是除虫菊的有效成分之一。对天然除虫菊酯的研究始于20世纪早期，先后经历了两个时期的发展。第一个时期研究人员着重研究天然除虫菊酯的化学结构。第二个时期是在第一个时期取得成果的基础上，开始了拟除虫菊酯的人工合成。1947年，美国合成了第一个拟除虫菊酯——丙烯菊酯。在1950年代—1960年代，又有一些类似化合物陆续研制成功，通称

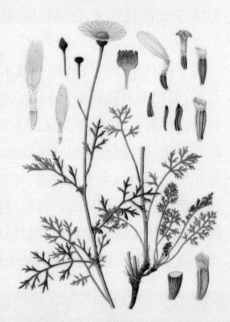

《科勒药用植物》中的除虫菊图W

为合成拟除虫菊酯。这些早期品种与天然除虫菊酯一样，在光照下易分解失效，仅适用于室内条件下防治害虫。许多科学家为此进行了长期研究，以弄清分子结构中易被光分解的不稳定部位。1973年，英国化学家埃利奥特领导的小组合成了第一个适用于农林害虫防治的光稳定拟除虫菊酯——二氯苯醚菊酯，为拟除虫菊酯杀虫剂用于田间作出了突破性贡献。二氯苯醚菊酯由于对天然除虫菊酯的两个光不稳定中心都进行了改造，使它的光稳定性大大提高，杀虫活性也进一步提高，而对哺乳动物仍保持低毒性。二氯苯醚菊酯的出现，在拟除虫菊酯发展史上是一个突破性进展。

1980年代以来，这类拟除虫菊酯的研究和开发已形成热潮，商品化品种达近百个，成为防治农业害虫和卫生害虫的主要杀虫剂类型。

1974 年
农作物遥感估产研究开始进行

　　我们知道，粮食问题是关系社会安宁、政局稳定和人民安居乐业的重大问题，在农作物收割之前预测其产量，对于政府进行农业决策及采取宏观调控措施是十分重要的。但是，传统的农作物估产采用人工区域调查方法，速度慢、工作量大、成本高，有没有一种既快速效果又好的估产方法呢？这种方法科学家在40年前已经找到了，它就是遥感估产方法。

　　遥感技术作为现代信息技术的前沿技术，起源于1960年代，它是一种远离目标，通过非直接接触而测量、判定和分析目标的技术。遥感即遥远的感知，指在一定距离上，应用探测仪器不直接接触目标物体，从远处把目标的电磁波特性记录下来，通过分析，揭示出物体的特征性质及其变化的综合性探测技术。摄影照相便是一种最常见的遥感，照相机并不接触被摄目标，而是相隔一定的距离，通过镜头把被摄目标的影像记录在底片上，经过化学处理，相片便重现被摄目标的图像。从拍摄目标到再现目标所用的手段，便是一种遥感技术。

　　农业领域是遥感技术的最大用户和主要受益者，应用遥感技术为农业服务，

航天、航空和近地遥感©

航天遥感

航空遥感

近地遥感

是当前农业高新技术产业化中最前沿的领域之一。农作物遥感估产是根据生物学原理,在分析收集农作物光谱特征的基础上,通过卫星传感器记录的地球表面信息辨别作物类型,监测作物长势,建立不同条件下的产量预报模型,从而在作物收获前就能预测作物总产量的一系列技术方法。它是遥感技术应用的一个重要方面,具有宏观、客观、快速、经济和信息量大等特点,许多国家在这方面作了深入的研究,并建立了实用性的农作物遥感估产系统,收到了明显的经济和社会效益。

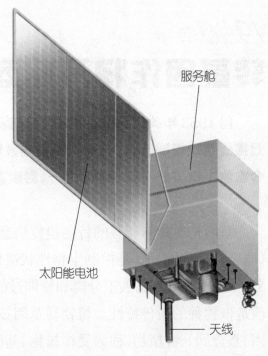

服务舱

太阳能电池

天线

资源卫星　资源卫星是勘测和研究地球资源的卫星。资源卫星能勘探人肉眼看不到的地下矿藏、历史古迹、地层结构,也能普查农作物、森林、海洋、空气等资源,或者预报各种严重的自然灾害。图为中国1999年10月发射的资源一号卫星模型。©

　　美国是世界上对农作物进行大面积遥感估产研究最早和效果最好的国家。1974—1977年,美国农业部、国家海洋大气管理局、宇航局和商业部联合主持了"大面积作物估产试验"计划,对美国、加拿大和世界其他地区小麦种植面积、单位面积产量和总产量进行估算,估产精度均达到90%以上,开创了农作物遥感估产之先河。在取得初步成果的基础上,美国又于1980—1986年开展了"农业和资源的空间遥感调查"计划,进行世界多种农作物长势评估和产量预报,取得了巨大的经济效益。此后,其他国家和一些世界性组织也先后进行了遥感估产研究,应用卫星遥感技术进行农作物长势监测和产量测算,均取得了一定的成果。

　　目前,遥感技术已形成多卫星种类、多传感器、多分辨率共同发展的局面,估产农作物从小麦扩展到水稻、玉米、大豆、马铃薯、甜菜、棉花等多种农作物,估产系统也不断完善,对世界许多国家的农业生产、粮食安全、农业政策、进出口调整和保护国家利益等方面都起到了重要的作用。

1996年
转基因作物开始商业化种植

　　自1953年美国分子生物学家沃森和英国分子生物学家克里克提出DNA双螺旋结构模型以来，分子生物学的发展非常迅速。植物转基因技术已成为当今农业生物技术的核心内容之一，影响着每个人的生活。

　　基因是生命体具有的特定遗传信息和遗传效应的核苷酸序列，存在于DNA（脱氧核糖核酸）上，是控制生物性状遗传的结构和功能单位。转基因是指利用分子生物学手段，将人工分离和修饰过的某些生物的基因转移到其他物种中，以改造该物种的遗传特性。植物转基因技术是指将一种生物的基因（称为外源基因）整合到一种植物（称为受体植物）基因组中的技术。基因组结构发生变化的受体植物及其后代统称为转基因植物。

　　自1983年转基因植物问世以来，在短短的二三十年的时间里，转基因技术发展十分迅速并广泛应用于农业领域方面的研究。1985年，第一批抗病毒、抗虫害和抗细菌病的转基因植物进入田间试验，同年，美国专利局宣布转基因植物受专利保护。1994年，美国的转基因延熟保鲜番茄"Flavr Savr"获准进入市场销售，成为世界上第一个获许进行销售的转基因食品。1996年，美国的转基因作物开始大量商业化种植。此后，转基因作物的商业化种植面积和经济效益在全球大踏步前进。

　　植物转基因技术可使优良的生物基因在不同生物之间交流，从而弥补了单一植物种类在遗传资源方面存在的局限性，在提高植物抗性（抗虫和抗病害等）、改善植物品质（增加营养成分和减少腐烂等）以及利用植物作为生物反应器（生产药物等）诸多方面具有无可比拟的优势。

转基因番茄Ⓦ

　　尤其在培育现代社会所需的集高产、

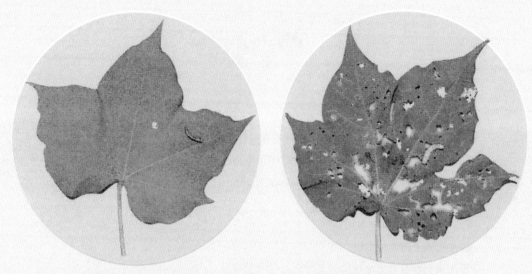

转基因抗虫棉的棉叶(左)和受棉铃虫侵害的普通棉叶(右)©

优质、稳产、抗逆于一身的农作物新品种方面,植物转基因技术显示出独特的技术优势和全新的开发前景。转基因作物具有较大的增产潜力,虽然其直接增产效果尚不明显,但在减少病虫害损失方面效果明显,这一点已经在许多国家得到证实,因而间接地增加了粮食产量,这也是转基因作物种植面积得以不断扩大的一个主要原因。

自转基因作物商业化种植以来,全球转基因作物的种植面积已从1996年的6国170万公顷,增加到2009年的25国1.34亿公顷,其推广速度在整个农业发展史上是其他任何技术都望尘莫及的。目前全世界已有约200种转基因植物试验成功,投入生产最多的是转入抗除草剂基因和抗虫基因的农作物。抗病、抗虫转基因作物的广泛种植,可以减少农药的使用和二氧化碳排放。据统计,自1996年以来,转基因作物减少了3.56亿千克杀虫剂和5000万千克除草剂的使用以及86.3亿吨二氧化碳排放。

虽然目前转基因技术发展迅速,但其本身也存在很多问题,如基因转化率低、转化体系不完善、转化外源基因表达的调控能力低和转化的外源基因的遗传稳定性低等。此外,转基因生物的安全性问题——对人类健康和生态环境的长期效应,也逐渐成为一个全球关注的重大课题。

图 片 来 源

本书所使用的图片均标注有与版权所有者或提供者对应的标记。全书图片来源标记如下：

Ⓖ 华盖创意（天津）视讯科技有限公司（Getty Images）

Ⓨ 北京图为媒网络科技有限公司（www.1tu.com）

Ⓦ 维基百科网站（Wikipedia.org）

Ⓒ《彩图科技百科全书》

Ⓑ 中国农业博物馆提供

Ⓢ 上海科技教育出版社

Ⓞ 其他图片来源：

P45下、P149下，殷晓岚；P57下、P58上，杜文彪；P60下，John Hill；P71下，Mokkie；P72左下，Franz Xaver；P82下，王世平；P98下、P99上、P100上，汤世梁；P152下，HMN；P157左上，Martin Fischer；P161上，凌玲；P170上，Luigi Guarino；P173右上，Zsldgik。

特别说明：若对本书中图片来源存疑，请与上海科技教育出版社联系。